华夏古建新秀

江淮营造奇葩

罗哲文题

罗哲文先生

原中国文物学会名誉会长

清心聆音

梁寶富先生
雅存

孟北梅

澄懷味象

孟兆祯先生
中国工程院院士，北京林业大学教授

铸园林
精品弘扬
谈文化

为意匠轩
公司敬题

金德钧

金德钧先生
原国家建设部总工程师，建设部科技委常务副主任

中国园林古建筑营造与管理

梁宝富　编著

中国建材工业出版社

图书在版编目(CIP)数据

中国园林古建筑营造与管理/梁宝富编著. —北京：
中国建材工业出版社，2015.6（2017.7重印）
ISBN 978-7-5160-1031-0

Ⅰ.①中… Ⅱ.①梁… Ⅲ.①古典园林-园林建筑-
工程项目管理 Ⅳ.①TU986.3

中国版本图书馆 CIP 数据核字（2015）第 102075 号

内容提要

本书以通俗易懂的方法对中国园林古建筑的技术、发展和古代营造方式进行了理论探讨，以承包方为背景，结合园林古建筑项目"技艺合一"的特征，以及现代项目管理规范化、系统化的要求，阐述了施工项目管理的基本原则和方法。作者以丰富的实践经验，以实例的方式介绍了园林古建筑工程预算的编制方法、施工组织设计的编写要求及文物保护工程方案的编制范例。

本书对专业初学者有较大的帮助，适合作为项目经理、工程技术人员、工程造价人员的工具书，也可作为大中专院校相关师生参考用书。

中国园林古建筑营造与管理

梁宝富 编著

出版发行：中国建材工业出版社
地　　址：北京市海淀区三里河路 1 号
邮　　编：100044
经　　销：全国各地新华书店
印　　刷：北京雁林吉兆印刷有限公司
开　　本：710mm×1000mm　1/16
印　　张：15.75
字　　数：210 千字
版　　次：2015 年 6 月第 1 版
印　　次：2017 年 7 月第 4 次
定　　价：88.60 元

本社网址：www.jccbs.com.cn　　微信公众号：zgjcgycbs
本书如出现印装质量问题，由我社市场营销部负责调换。联系电话：(010)88386906

工匠、企业家和博士

2015 年 4 月 20 日，"扬州意匠轩园林古建筑营造有限公司"梁宝富先生寄来《中国园林古建筑营造与管理》书稿，并在稿子封面上书曰："请先生指导，并作序！"。

这是梁宝富主编"意匠轩文集（2005—2015）"的第三本书。面对这一本质朴、实用和有文化古韵的专著，让我写序，还真有些犯难。因为，梁宝富先生在 2009 年 10 月至 2011 年 4 月期间，在中国人民大学培训学院（DBA）01 班研修，攻读美国普莱斯顿大学博士学位时，我有缘成了他的指导老师，但说实在的，我对园林古建筑的知识十分贫乏，所以，与其说我指导他撰写论文，还不如说，我和他一起在讨论和研究。由于梁宝富在园林古建筑方面的了解尤其是实践经验的丰富积累，所以，论文也就比较顺利地通过了，并获得了美国普莱斯顿大学的工程管理学博士学位。摆在面前的书稿就是在这篇博士论文的基础上加工、扩充完成的，于是，我也就无法推脱撰写这篇序言了。

日前，一个朋友给我发了一篇微信，说出生在中国台湾的旅日侨胞、"赚钱之神"兼作家邱永汉（1924—2012）说"日本人是匠人气质，中国人是商人性格"。我对这句话有一些别样的感触。微信上解释所谓的匠人是"对自己的手艺要求苛刻，为此而不嫌其烦，不惜代价，做到精益求精，完美再完美"。我是同意日本匠人有这样气质的，但并不表示中国人没有匠人气质。不用说中国古代的伟大建筑，就是当代，我们也有无以伦比的伟大工程，比如长江三峡工程，青藏铁路工程，航天与北斗导航卫星工程，海洋潜水工程等，哪一个不是在无数"大国工匠"精益求精的设计、施工下完成的。至于是否只是中国人有商人性格，我却有不同意见。记得20世纪中叶，国际上有称日本人为"经济动物"的，表明日本人也有商人性格。这似乎与本文扯远了。我们还是回到本书涉及的主人翁及其作品上来吧。

梁宝富从事园林古建筑工程已有近三十年。首先，他十分崇敬"匠人"。他忧以"从事古建筑老工匠越来越少"，"民间绝艺有逐渐失传之势"（书的导论）；其次，他对古建筑的保护、传承和创新极为重视，如作为公司的董事长，他亲自分管园林古建筑项目的技术，就是明证。如果你仔细阅读一下他主编的《扬州大明寺大雄宝殿修缮实录》，就可了解他是如何精益求精地进行施工设计和实施的。修缮完成后，又如此完整、细致地记录了大明寺建筑群技术资料和图纸，其认真、精细程度真是令人赞叹。所以，梁宝富可以称得上具有"匠人气质"的董事长，甚至可以称得上从事中国古建筑的"巨匠"之一。

当然，古建筑工程的保护、修复、传承与创新，不是仅靠个体匠人能够完成的，需要组织队伍，进行项目管理。这样，就需要形成一个实体，梁宝富的公司就是这样一个集设计、施工、维护的公司实体。"工欲善其事，必先利其器"，这里的"器"不再是工具了，而是资金。公司要运作，需要材料、设备、消耗品，要给员工发工资，要上交政府税收，还要扩大再生产。所以，公司就要千方百计减少成本，增加利润……上述种种经济活动，亦可称为商业行为。于是，梁宝富又理直气壮地成了一个工商业者，一个为保护、传承和创新中国古建筑的企业家。事实上，我们正是需要千千万万成功的企业家，这样，才能使国家富强、人民幸福。

梁宝富博士论文的题目是《中国园林古建筑施工项目管理的研究》。"项目管理"是管理科学的一个分支，早在20世纪60年代，西方国家就着手研究和实施项目管理。园林古建筑施工是一个项目，而且是工程和艺术相结合的项目。梁宝富在总结我国传统的园林古建筑设计和施工经验，同时借鉴国外施工项目管理经验的基础上，在项目管理的学科研究上提出了具有中国特色的、"技艺合一"的园林古建筑项目管理的理论和方法。所以，《中国园林古建筑营造与管理》这本书虽不厚，却是含金量较高的专著，它的出版，无疑具有现实实践意义和理论指导意义。

梁宝富在取得博士学位以后，对中国的园林古建筑等中国传统文化兴趣益增，他带领公司员工不仅总结施工经验，学习管理理论，还进行古建筑的学术研究、出版文集专著。鉴于梁宝富为保护和传承中国古建筑文化的理论和实践所取得的成就，他的博士论文不仅受到答辩委员会的好评，也受到了美国普莱斯顿大学的认可，取得了博士学位，成了一名"洋博士"。有鉴于此，我为之感到钦佩和欣慰；也因此，我乐于为之作序。

清华大学教授　侯炳辉

2015 年 5 月 11 日

目 录
Contents

第一章

导 论

中国园林古建筑是我国悠久文化遗产的重要组成部分，在数千年的历史发展过程中形成了完备的造型式样、风格特征、结构体系和巧妙多变的设计手法，是古代劳动人民创造的伟大结晶，这种有特色的成就在国际上久负盛名。在现代文化传承与经济快速发展的今天，园林古建筑的保护、修复、传承与创新的任务日趋繁重。但是随着时间的推移，从事古建筑的老工匠越来越少，传承系统已经大多消失，技术力量感到明显不足，这与当前保护和传承的需求是很不相称的，深忧当前流传多年的民间绝艺有逐渐失传之势。因此，本书在论文选题"中国园林古建筑施工项目管理研究"的基础上重新整理，总结古代建筑营造的组织体系，归纳前人的实践经验，传承传统技术精华，对于继承我国优秀的文化遗产，保护和修复中国园林古建筑，研究中国古建筑施工项目营造，使之适应现代和国际化需要，具有重要的实用价值和深远的意义。

项目管理作为管理科学中的一个学科领域，应用性强，有很大的发展潜力和丰富的内涵。随着世界经济一体化和我国加入WTO，项目管理学科已被广大专家学者关注。早在1960年初，美、日、英等国就着手研究并实施项目管理。我国实行建设工程项目管理体制改革始于1987年初，国务院开展学习、推广鲁布革工程的项目管理经验，并以"项目法施工"为突破口，进行了建筑企业管理体制改革试点。1992年，国家开始对项目经理进行培训，实行资格管理。多年来，经过广大建筑业同仁的共同努力，我国已积累了丰富的经验，初步形成了一套具有中国特色并与国际接轨、适应市场经济要求、操作性强、比较系统的施工项目管理理论和方法。我国首部建设工程项目管理的规范性文件《建设工程项目管理规范》（GB/T 50326 — 2001）（后简称为规范）已由建设部和国家质量监督检验检疫总局以［2002］12 号文下发，该规范的颁发强化和促进了工程项目管理向科学化、法制化、制度化和规范化的方向发展。

伴随着我国城镇化的推进，遗产保护和风景园林事业正以前所未有的速度发展。人类文明、人与自然、精神与物质、科学与艺术的高度和谐带来一系列发展的机遇与挑战。1999 年始，国家建设部开始对园林古建筑的专业设计、施工单位进行资质管理，国家文物局于 2003 年出台文物保护工程的设计与施工资质管理，2009 年建设部又对城市绿化资质进行管理。建设领域的建筑、市政、装饰等专业的学者对有关专业的项目管理进行了研究，发表了各种论著。2011 年，风景园林教育晋升为一级学科，风景园林师职业资格认证也提上日程。近年来，风景园林的学者开始对风景园林的项目管理进行探索。虽然目前高等学校仍未开设园林项目管理的专业教育，随着当代风景园林事业的蓬勃发展，风景园林项目管理必然在实践中进一步提升到理论的高度。

在上述背景下，本书选择以中国园林古建筑项目管理为对象——从承包方的角度，对园林古建筑工程项目管理组织和师承进行深入研究，并与现代企业管理方式相结合，推进园林古建筑施工项目管理的系统化、规范化、法制化并加快与国际惯例接轨，以期对园林古建筑的保护和园林管理理念具有一定的指导意义。

深入贯彻落实科学发展观，体现在园林古建筑项目管理方面就是要在维护、修复原有园林的基础上做好传承和创新的工作。但是，古典园林的"真实性"已离我们越来越远。即使以"修旧如旧"的原则来简化衡量标准，仍然难以符合严格的要求，这凸显了我们对传统造园理论和工艺了解的不足。因此，当前对园林古建筑项目管理的研究，具有重要的理论和现实意义。

首先，中国园林古建筑具有悠久的造园历史和精湛的造园艺术。在世界造园史上，它独树一帜，在它的漫长发展历程中不仅影响着亚洲的朝鲜、日本等地，而且从 18 世纪中叶开始还深刻地影响了欧洲的造园艺术，世界上公认"中国园林是世界园林之母"。中国园林是中国古建筑与园林工程高度结合的产物，它既是一种物质财富又是一种艺术财富。它把建筑、山水、植物融为一个整体，在有限的空间范围内，利用大自然、模拟大自然的美景，经过人为的提炼和创造，出于自然而高于自然，把自然美与人工美在新的基础上统一起来，充满了诗情画意，构建了居住、休闲、观赏环境。中国古代建筑以木结构为主，无论在社会需求上、平面布局上、用料和结构上，还是在艺术思想与技巧上，都有它的独特风格和规律，也因此而获得了很高的成就，显示了一种犹若画意的特殊魅力，成为世界艺术史上的奇葩。现存具有较大价值的中国园林古建筑不少已由联合国教科文组织世界遗产委员会审定批准列入了"世界遗产名录"，成为人类共同的财富。中国古典园林是集建筑、书画、文学、园艺等为一体的艺术精华，中国园林古建筑是中国古典文化的重要组成部分。

如何正确对待祖先留给我们的遗产，并从中汲取有益的养分，把创新与园林文化脉络的延续结合起来，关注适应新技术对传承的作用，从而向更高的水平迈进，是摆在园林工作者面前的重要课题。在吸取"破四旧"和改革开放以来旧城改造、"拆旧建新"过程中出现的一些经验教训后，20 世纪末期人们逐渐走向理性的回归。尤其是近几年来，我国对传统文化遗产的保护逐渐深入人心，既有民众发自心底的呼唤，也有政府相应保护措施和政策的出台，一改以往只有少数专家学者奔走呼唤的尴尬状况，园林与古建筑文化遗产的保护和更新进入了一个新的阶段。但是，保护思想的片面、保护措施的不力、保护技术的缺乏以及再利用的不当等仍然是当前工作中面临的重要问题。尤其是传统工艺的流失、专业技术人员的匮乏、营造组织管理的不规范，与急增的社会需求之间呈现出尖锐的矛盾。通过对古典建筑专业知识的普及，园林古建筑施工项目组织与工艺的研究，将园林古建筑营造管理与现代企业的管理方式相结合，合理运用新技术、新工艺，以便有效地对园林古建筑进行保护。

保护人类文明多元的文化生态已经成为经济全球化大趋势下有识之士的强烈诉求。保护中国园林古建筑遗产不仅对于华夏子孙，对于整个人类文明的延续也有着重大意义。

本书研究内容是园林古建筑工程项目管理的原理和方法，是以园林古建筑工程项目承包方为对象。其研究方法为：结合园林古建筑项目"技艺合一"的行业特征，以实例为背景，系统总结经验教训，借鉴国际项目管理经验，使之结合中国建设行业管理的实际情况，将信息技术应用于园林古建筑项目管理中。本书从历史背景、专业概论、项目组织建立，施工项目的招投标、合同管理、造价管理、进度控制、成本控制、质量控制、技术管理、信息管理、安全管理、资源管理，以及涉及到的索赔与争端处理等方面，阐述了园林古建筑营造流程。

本书结构，如图 1-1 所示。

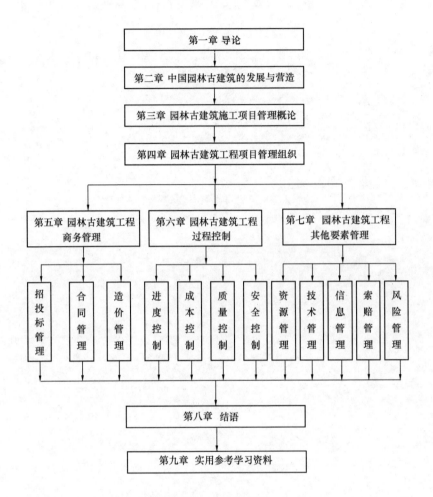

图 1-1 全书结构图

第二章

中国园林古建筑的发展与营造

第一节　中国园林古建筑的发展

中国园林古建筑是我国悠久文化遗产的组成部分，是古代劳动人民在生产实践中创造的结晶。这些建筑有着合理的结构形式、独特的地域风格和巧思多变的设计手法，其卓越成就在国际上久负盛名，是中华民族的珍贵财富。

中国园林古建筑具有悠久的历史。《周易》中记载："上古穴居而野处，后世圣人易之以宫室，上栋下宇，以待风雨，盖取诸大壮。"《墨子》中记载："古之民未知为宫室时，就陵阜而居，穴而处。下润湿伤民，故圣王作为宫室。"《礼记》中说："昔者先王未有宫室，冬则居营窟，夏则居橧巢。"这些文献资料记述了中国在未有文字之前的史前时代，就已经有比较像样的建筑了。早在原始社会末期，我们的祖先发明了"筑土构木"的原始方法，就认识到地理环境和气候环境给居住建筑所带来的区别，就地取材建造房屋，解决了人类的居住问题。晋代张华在《博物志》中就讲："南越巢居，北溯穴居，避寒暑也。"随着人类社会的进步，建筑活动的规模和范围日益壮大，在较长的历史进程中，地域广、多民族势必也要影响到建筑材料、构造、装饰和式样的不同，因而出现了丰富多彩的建筑文化和风格典型的建筑，对于中国建筑文化的传播与发展都做出了贡献。

上古时期，我国辽阔的土地上，自然资源极为丰富，可做建筑的天然材料也是丰富多样的，既有茂密的森林，也有可持续开采的岩石。但在石器和青铜时代，石材的开采加工极其困难，很早以前，我们的祖先就发现木材不仅容易采伐，而且是一种既坚韧又易加工的理想材料。因此，从原始社会末期开始，人们就习惯于用木材作为建造房屋的材料。经过长期实践，对于木结构的性能和优点获得了新的认识。筑造木材房屋便于就地取材，而且容易建造，并能满足生活和生产上多方面的功能要求，具有很强的适应性，用木材构筑房屋便逐渐形成了一种传统。自中国建筑有记载以来，大至宫殿、庙宇，小至商铺、民居，尽管规模不同，质量有别，但从总的历史发展趋势来看，一直向着以木构架为主体的方向发展，在世界古代建筑史上形成独树一帜的建筑体系。我国的古代建筑发展经历了以下三个阶段。

原始社会（六七千年前—公元前 21 世纪）建筑的发展是极缓慢的。在漫长的岁月里，我们的祖先从艰难地建造穴居和巢居开始（图 2-1-1），逐步地掌握了营建地面房屋的技术，创造了原始的木架建筑（图 2-1-2），满足了最基本的居住和公共活动要求。

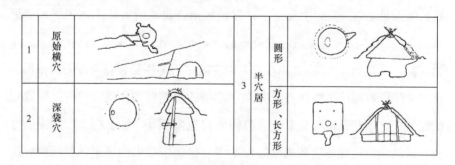

图 2-1-1 穴居的三种形态

奴隶社会（公元前 2070 年—公元前 476 年）大量奴隶劳动和青铜工具的使用，使建筑有了巨大发展，出现了宏伟的都城、宫殿、宗庙、陵墓等建筑。这时，以夯土墙和木构架为主体的建筑逐步形成。前期在技术上和艺术上仍未脱离原始状态，后期出现了瓦屋彩绘的豪华宫殿。

夏、商、周时期是中国木构架建筑体系的奠定期。夯土技术已达到成熟阶段，木构榫卯已十分精巧，组合空间的庭院式布局已经形成（图2-1-3）。

秦汉时期形成中国古代建筑的基本类型。木构架抬梁式、穿斗式都已出现，多种多样的斗栱处于未定型阶段，多层楼兴起，建筑组群规模庞大（图2-1-4）。

三国、两晋、南北朝时期，东南地区建筑活动活跃，佛教的盛行，形成皇家园林与私家园林的格局。建筑类型、风貌以及细部装饰都展露新姿（图2-1-5～图2-1-7）。

封建社会（公元前476年—1911年）通过不断的传承完善，中国古代建筑逐步形

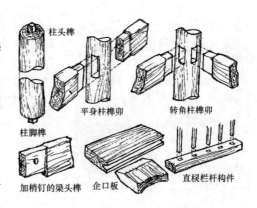

图2-1-2　余姚河姆渡遗址的干阑建筑构件

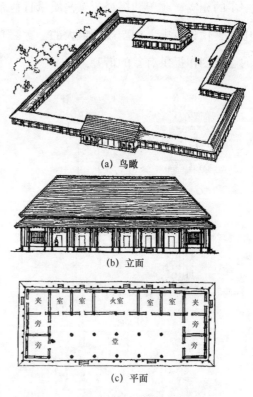

(a) 鸟瞰

(b) 立面

(c) 平面

图2-1-3　偃师二里头一号宫殿复原

成了一种成熟、独特的体系，不论在城市规划、建筑院落、园林、民居等方面，还是在建筑结构、空间处理、建筑艺术方面，施工方法均获得了进

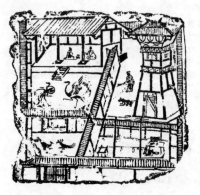

图 2-1-4　成都出土的庭院画像砖

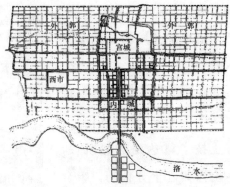

图 2-1-5　北魏洛阳城

一步的充实、改善和提高，工艺质量日益精湛，建筑体系逐渐完善，成为中国古代建筑史上创新规模最大的一次。直至今天，许多方面仍可为我们的建筑创作提供有益的借鉴。

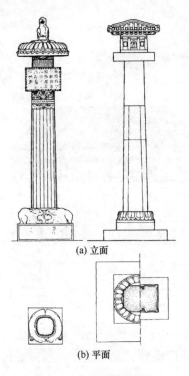

(a) 立面

(b) 平面

图 2-1-6　南朝萧景墓表

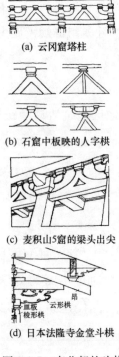

(a) 云冈窟塔柱

(b) 石窟中板映的人字栱

(c) 麦积山5窟的梁头出尖

(d) 日本法隆寺金堂斗栱

图 2-1-7　南北朝的斗栱

唐代建筑显现建造规模庞大，建筑布局趋于合理，木技术进入成熟阶段，砖石建筑取得进一步发展，建筑外形呈现壮观（图2-1-8）。

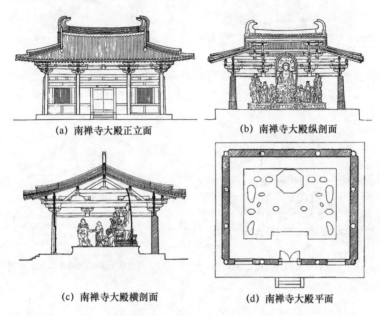

(a) 南禅寺大殿正立面　　　　　(b) 南禅寺大殿纵剖面

(c) 南禅寺大殿横剖面　　　　　(d) 南禅寺大殿平面

图 2-1-8　唐代建筑示意图

宋、辽、金、元时期，建筑规模比唐代缩小，建筑类型增多，建筑技术取得重要进展，《营造法式》问世（图2-1-9），小木作发展成熟，建筑风貌显现地域性特色（图2-1-10）。

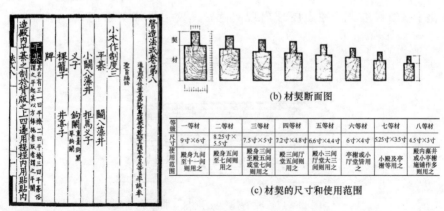

(b) 材契断面图

等级	一等材	二等材	三等材	四等材	五等材	六等材	七等材	八等材
尺寸	9寸×6寸	8.25寸×5.5寸	7.5寸×5寸	7.2寸×4.8寸	6.6寸×4.4寸	6寸×4寸	5.25寸×3.5寸	4.5寸×3寸
使用范围	殿身九间至十一间则用之	殿身五间至七间则用之	殿身三间至殿身五间或堂七间则用之	殿三间厅堂五间则用之	殿小三间厅堂大三间则用之	亭榭或小厅堂皆用之	小殿及亭榭等用之	殿内藻井或小亭榭施铺作多则用之

(c) 材契的尺寸和使用范围

(a) 宋《营造法式》陶本（防崇宁本）

图 2-1-9　宋《营造法式》节选

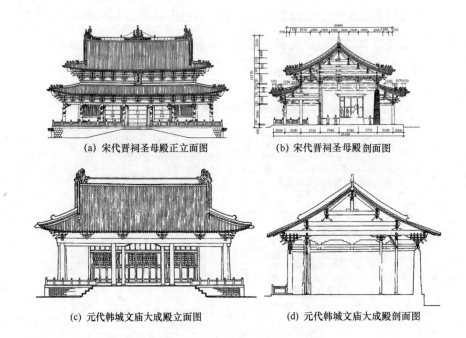

(a) 宋代晋祠圣母殿正立面图　　　　(b) 宋代晋祠圣母殿剖面图

(c) 元代韩城文庙大成殿立面图　　　　(d) 元代韩城文庙大成殿剖面图

图 2-1-10　宋、元建筑示意图

　　明清时期，中国古代建筑经历了最后一次发展高峰。现有的中国古代建筑，绝大多数是明清两代的遗存（图 2-1-11）。大木构架加强了整体性，简化了梁柱结合方式（图 2-1-12），斗栱结构机能衰退，蜕化为垫托性、装饰性构件（图 2-1-13）。1733 年颁布的清《工程做法则例》，进一步强化了建筑标准化，硬山屋顶出现，色彩、纹样更加丰富细致。木雕、石

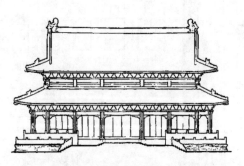

图 2-1-11　明清建筑示意图（曲阜孔庙
大成寝殿立面）

雕、砖雕普遍运用于民宅，丰富了建筑装饰。在设计与施工方面，清宫廷
设有"样房"、"算房"，形成了严密的设计制度。民间则有产生于明代的
木工用书《鲁班经》，造园领域出现了著作——《园冶》。

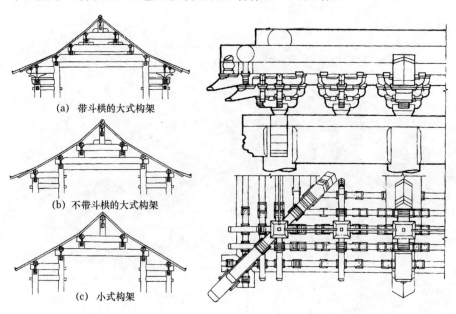

　　(a) 带斗栱的大式构架

　　(b) 不带斗栱的大式构架

　　(c) 小式构架

图 2-1-12　大式建筑和小式建筑　　　　图 2-1-13　清式外檐斗栱类别

　　而我国的古典园林，在三千多年的漫长历史中也形成了世界上独一无
二的园林体系。以人工山水园和天然山水园为主导，主要类型可分为私家
园林、皇家园林和寺观园林，以山、水、
植物、建筑作为造园要素，其意境既有自
然景观之美，又具人文景观之胜（图 2-1-
14～图 2-1-17）。

　　对中国园林古建筑的简略解读，有助于
理解古代劳动人民在中国建筑史上创造的光
辉业绩，对于深入做好中国古建筑的保护、
传承、创新等具体工作也有一定的辅助作用。

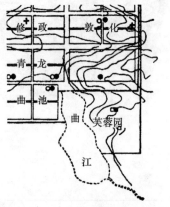

图 2-1-14　唐长安芙蓉园、曲江池

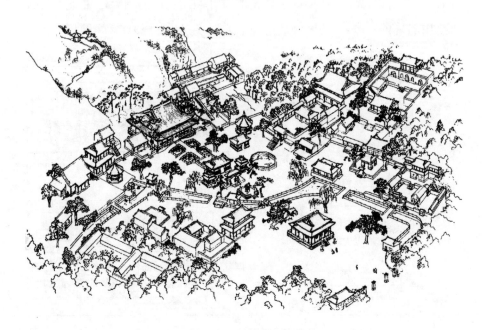

图 2-1-15　宋晋祠鸟瞰

图 2-1-16　明清谐趣园鸟瞰图

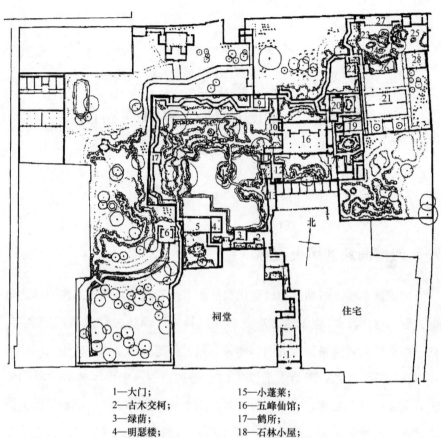

1—大门；
2—古木交柯；
3—绿荫；
4—明瑟楼；
5—涵碧山房；
6—活泼泼地；
7—闻木樨香轩；
8—可亭；
9—远翠阁；
10—汲古得绠处；
11—清风池馆；
12—西楼；
13—曲溪楼；
14—濠濮亭；

15—小蓬莱；
16—五峰仙馆；
17—鹤所；
18—石林小屋；
19—揖峰轩；
20—还我读书处；
21—林泉耆硕之馆；
22—佳晴喜雨快雪之亭；
23—岫云峰；
24—冠云峰；
25—瑞云峰；
26—浣云池；
27—冠云楼；
28—伫云庵

图 2-1-17 明清苏州留园总平面

第二节　中国园林古建筑的特色

一、诗情画意的风景园林

　　中国远在秦汉时期就已经利用自然山水或者摹仿自然山水作园林造景的主题，这比在 18 世纪西方突起的"风景式"园林大约要早两千多年。这一历史悠久、风格独特的园林体系，是世界造园体系之一。中国园林艺术取得的辉煌成就，带给人们以美的享受和启迪。中国园林有"凝固的诗，立体的画"之称，它既包容了自然山水的千姿百态，又凝集了社会美和艺术美的精华，集叠山理水、建筑艺术、植物造景以及文学绘画艺术于一体，在波光岚影之中掩映着亭台楼阁，是自然美和艺术美的统一（图 2-2-1）。

图 2-2-1　颐和园壁画

中国古代园林是因封建帝王居住、游赏、宴饮、射猎所需而发展起来的。这种园林的主要特点是因地制宜，挑地叠石，布置房屋，装点植物，并利用环境、营造借景，构成了源于自然、富有诗情画意的园林景观。这种园林设计将大自然的风景素材，通过整理与提炼，创造各种理想的意境，它不是单纯地模仿自然，而是自然的艺术再现，并经过长期的实践发展，逐步形成了有着独特风格的中国自然风景式园林。

中国古代园林起源于商周时代，最早称为"囿"。原始社会末期，有"囿"、"圃"、"苑"的记载，就是利用自然山河、水泉、鸟兽的天然园林。在先秦、两汉时期，除帝王的宫廷园林以外，仅少数贵族、地主营建园林，是园林发展的成长期；园林的艺术成就主要有：蓬莱三岛宫苑布局的形成，人工理水及叠石的发展，上林、甘泉诸苑把宫殿、山水、植物、动物集聚一起，因而在世界造园史上占有重要的地位。在秦以前，除帝王、诸侯等官员外，一般富商也兴建了私家园林。到南北朝时期，因贵族们舍宅为寺，佛教、道教的流行，使寺观也开始兴盛，园林艺术并融儒、道、佛、法家的美学思想，较大的园林都有寺庙，皇家的宫苑必建寺庙，因而奠定了中国风景式园林大发展的基础，成为发展的转折期。到了唐代，宫苑竞奢，私园崛起，诗画、山庄式园林兴起。不仅贵族官僚在长安近郊利用自然环境营造别墅，官署中也大都有园子，曲江池与若干寺观成为当时市民的娱乐地点。唐中叶以后，不少贵族官僚在东都洛阳营造园林，这个时代，唐王朝建立了帝国历史上意气风发、勇于开拓、充满活力的全盛时代，园林的发展也相应地进入盛年期，不少官僚兼文人画家自建园林或参加造园活动，将他们的文学和绘画的意境融入园林的布局与造景之中，于是所谓"诗情画意"逐渐成为唐宋以来中国园林的主导思想，园林体系独特风格已经形成。经五代到宋代时期，社会经济的繁荣、市民文化的复兴为传统的封建文化注入了新鲜血液，进一步促进了园林艺术的发展。在造园技法上，堆山叠石的做法发展到了高潮，以宋徽宗所营万寿山艮岳为代表的堆山叠石作品，是我国造园史上的杰作。宋时除首都汴梁和陪都洛阳以外，南宋朝廷又在临安（杭州）大修宫苑，在园林布局和造园技术上也有了很多的创造。除了将太湖石作为堆叠高山深涧的原料之外，还有制作单独观赏的玲珑石，以及以筑山为专职的工匠。园林的发展由盛年期升华至富于创造进取精神的成熟前期。到明清二代，江南成为私家园林最发达的地区，并出现了论述造园艺术的著作——明代计成的《园冶》，还有明代文震亨的《长物志》，清代李渔的《一家言》中也有关于造园的理论及技术。园林的发展继承了前一时期的成熟传统并趋于精致，代表了中国古典园林的最高成就，造园理论技术得到了总结。古代建筑家和匠师成功地创造了许多优秀作品，园林艺术向精深完美发展，达到造园艺术的高峰，确有丰富的经验可吸取与借鉴。造园名家辈出，造园工匠继起，明代叠石造园家米万钟、计成，清代张涟和张然父子、李渔、戈裕良等。其基本设计原则与方法，大致可归纳成以下几个方面。

（一）中国园林有以山水为主体的，也有单独以山为主体或单独以水为主体的，或以水为主山为辅的，而水又有散聚之分、山有平岗峻岭之别。园以景而胜，景因园而异，风格各异。在观赏时，又兼具动观与静观之趣。因此，园林艺术主要体现园景的特色（图 2-2-2）。

（二）中国古典园林绝大部分四周皆有墙垣，景物栽植于内。可是园内有些景物还要结合到园外来，使空间推展极远，予人以不尽之意，妙在

图 2-2-2　佛香阁建筑群

"巧于因借"，即所谓"借景"
（图2-2-3）。还有对景、框景、
漏景、透景、障景等艺术
（图2-2-4）。

图 2-2-3　拙政园远借园外之北寺塔

　　（三）中国园林往往利用
园中有园的手法划分景区，
不但给园林以大部分收敛的
不同境界，同时又巧妙地把
大小不同结构各异的建筑物
与山石树木，安排得十分恰
当。还有大湖中包小湖的办
法（如西湖的三潭印月），这
些小园、小湖多数是园中精
华所在。无论在建筑处理、
山石堆叠、盆景配置等方面，
均是细笔之措，耐人寻味。
游园的时候，对于这些小景
观，宜静观细品，它的回廊

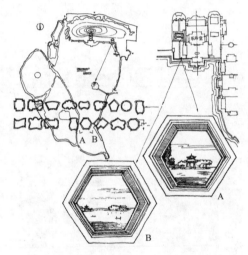

图 2-2-4　颐和园乐寿堂处之流动框景

也给人带来移步换景之美（图2-2-5）。

　　（四）中国园林的景物主要摹仿自然，用人工的力量来营造自然的景
色，以及季节的变化，即所谓的"虽由人作，宛自天开"。这些景物虽不
一定强调出自某山某水，但多少有些根据，用提炼概括的手法重现。同时
还在曲折多变的景物中，应用了对比和衬托等手法，两者予人不同的感
觉，却相得益彰。在中国园林中，往往以建筑物与山石作对比，大与小作
对比，高与低作对比，疏与密作对比等等（图2-2-6）。而一园的主要景物
又由若干次要的景观衬托而出，使宾主分明。

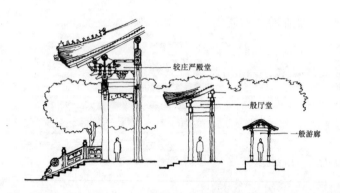

图 2-2-5　古典建筑廊子尺度比较

图 2-2-6　北京北海静心斋剖面

图 2-2-7　拙政园"风荷四面亭"周围景物

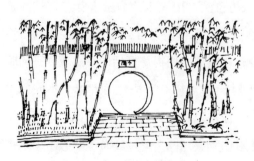

图 2-2-8　扬州春景园

（五）中国园林，除山石、植物外，还有建筑物的巧妙安排，十分重要，如花园建榭、小池安亭（图 2-2-7），还可利用大部分墙（图 2-2-8）、曲桥（图 2-2-9）、漏窗等，构成多种类而使园子更加扩大，层次分明。因此，游走中国园林的人会感觉庭园虽小，却曲折有致，这就是景物合成的空间感，有开朗、有收敛、有幽深、有明畅。游园观景，如看中国画的美景一样，次第接于眼帘，观之不尽（图 2-2-10）。

图 2-2-9　上海豫园九曲桥　　　　　图 2-2-10　扬州秋景园

（六）园林中除假山外，还有立峰。这些单独欣赏的佳石，如抽象的雕刻品，欣赏时往往以情揣物，进而将它人格化，称其人峰。佳峰之类，必须有"瘦、皱、透、漏"的特点，方称佳品，即要玲珑剔透。中国园林中，有佳峰珍石之园子，方称得名园。

（七）若干园林亭廊树舫，不但有很好的命名，有时还加上很好的对联，将中国园林与中国文学合二为一（图 2-2-11、图 2-2-12）。

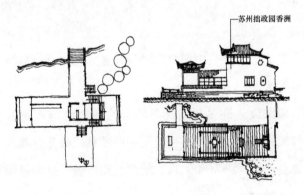

苏州拙政园香洲

图 2-2-11　古船舫平立面图

（八）不同的季节，园林景观呈现不同的风光。北宋著名山水画家郭熙在其画论《林泉高致》中说过"春山淡冶而如笑，夏山苍翠而如滴，秋山明净而如妆，冬山惨淡而如睡"，造园者或多或少参考了这些画理，扬

图 2-2-12 网师园水庭建筑、树、石比例

图 2-2-13 园林中的水、石、树

州的个园便是用了春夏秋冬不同的假山。在色泽上春山用略带青绿的石笋，夏山用灰色的湖石，秋山用褐色的黄石，冬山用白色的宣石。黄石崎峭凌云，方便就目登高。宣石罗堆厅前，冬日可作居观，便是体现这个道理（图 2-2-13）。

中国古代园林的布局之意，除用于游览观赏以外，兼供居住之用，因而在山水花木之间建造很多亭台楼阁，供人居住，其结果是房屋数量过多，与创造自然风景的园景发生矛盾。这种现象到明清二代更为显著，其中园林因处理政务，依轴线建立大批宫殿和庭院，房屋比重尤大。

此外，自唐宋以来许多利用优美的自然环境而建造的名胜区和风景点，虽以自然风景为主体，但往往沿用一般园林划分景区与组织游览路线的方法。园林创造依"静"和"雅"的意境而发展，这些意境，目前已成为人们游玩的胜地（图 2-2-14）。

中国园林的分类，常用的几种划分方法有：按所拥有者身份划分为皇家园林、私家园林、寺观园林、风景区园林；按地域划分为北方类型、江南类型、岭南类型；按园林艺术风格划分为规整式园林、自然式园林、混合式园林。其建筑风格和常见构造如下：

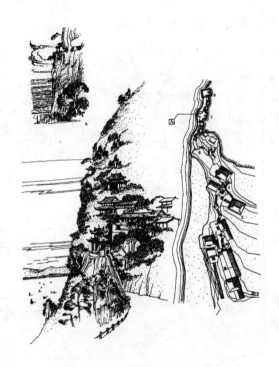

图 2-2-14　云南昆明西山三清阁

（1）南北风格的比较（图 2-2-15）。

南方园林建筑造型轻盈，色泽淡雅
北方园林建筑造型浑厚，色泽华丽

(a) 留园明瑟楼一角　　　　(b) 避暑山庄烟雨楼

图 2-2-15　南北风格的比较

（2）亭构造（图 2-2-16、图 2-2-17）。

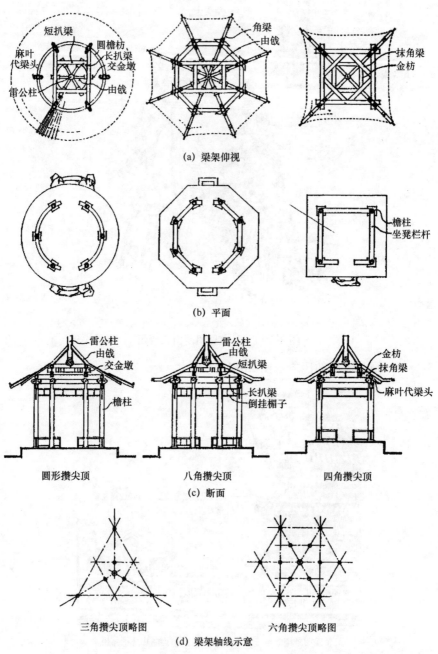

(a) 梁架仰视

(b) 平面

圆形攒尖顶　　　　八角攒尖顶　　　　四角攒尖顶

(c) 断面

三角攒尖顶略图　　　　六角攒尖顶略图

(d) 梁架轴线示意

图 2-2-16　亭构造（一）

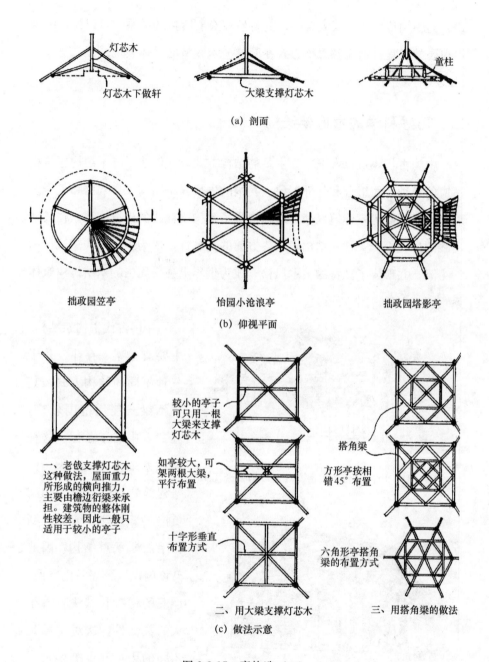

（a）剖面

拙政园笠亭　　　　怡园小沧浪亭　　　　拙政园塔影亭

（b）仰视平面

一、老戗支撑灯芯木
这种做法，屋面重力
所形成的横向推力，
主要由檐边衍梁来承
担。建筑物的整体刚
性较差，因此一般只
适用于较小的亭子

较小的亭子
可只用一根
大梁来支撑
灯芯木

如亭较大，可
架两根大梁，
平行布置

十字形垂直
布置方式

搭角梁

方形亭按相
错45°布置

六角形亭搭角
梁的布置方式

二、用大梁支撑灯芯木　　　　三、用搭角梁的做法

（c）做法示意

图 2-2-17　亭构造（二）

综上所述，中国古典园林在世界园林史上独树一帜。其之所以成长
并成熟，是受到政治、经济、文化等诸多复杂因素的影响，而从根本上来

说，与中国传统的"天人合一"的自然观有着直接的关系。可以说，中国古典园林正是自然观和思维方式在园林艺术领域的具体表现。

二、巧妙科学的木框架结构

中国古代建筑以木框架为主要的结构方式，并创造了与木结构建筑相适应的各种平面组合和外部形象。我国的古代建筑结构，自穴居和巢居发展为地面上的房屋建筑以来，逐渐形成了木构梁柱式的构造体系。在长期实践的过程中，梁柱式结构以其各方面的优越性，成为中国古代建筑结构的主流，并形成了独特的艺术风格，成为世界上独一无二的木结构建筑体系（图 2-2-18～图 2-2-20）。

中国古代木构架结构，主要有抬梁、穿斗、井干三种不同的结构方式，其中抬梁式使用范围较广，在三者中居于首位。这种梁柱系统构成的屋架，由于建筑物全部重量由构架负担，墙壁只起维护隔断作用而非承重结构，因此开设门窗以分隔室内空间。墙壁的材料和做法有着很大的灵活性，这对于满足不同的用途和审美要求提供了便利，也有"墙倒而屋不塌"的说法。

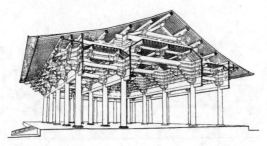

图 2-2-18　山西五台唐代佛光寺大殿构架透视图

图 2-2-19　宋《营造法式》大木作制作
示意图（殿堂）

（一）抬梁式木构架
（也称叠梁式）产生与发展
比较早，大约在春秋时代
已具雏形，后来经过不断
地提高完善，便总结出一
套完整的比例和做法（图
2-2-21）。"抬梁"就是以柱
抬举房梁，这种木构架是
沿着房屋的进深方向在石
础上立柱，柱上架梁，再
在梁上叠加瓜柱和梁，自
下而上，逐层收缩，逐层
加高，到最上层在梁中立
脊瓜柱，构成一组木构架。
在横的方向，用平行的两
组木构架之间，用横向的
枋联络柱的上端，并在各
层梁头和脊瓜柱上安置若

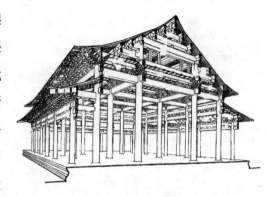

图 2-2-20　清官式大型殿堂构架剖视图

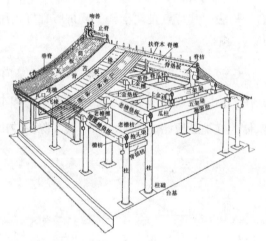

图 2-2-21　抬梁式结构

干与构架成直角的檩。这些檩上除排列椽子承载屋面重量外，檩本身还具
有联系构架的作用。这样由两组木构架形成的空间称为"间"。一座房屋
通常有二三间乃至若干间，沿着面阔方向排列为长方形平面，其特点使得
建筑物的面积和进深加大，以满足扩大室内空间的要求，成为古代大型宫
殿、坛宇、民居等建筑的主要结构形式。

（二）穿斗式木构架是穿插斗接，大约从商周时代起就已有了穿斗式
木构架做法，也是沿着房屋的进深方向立柱，但柱的间距较密，柱直接承
受檩的重量，不用架空的抬梁，而以数层"穿"贯通各个柱，组成一组组

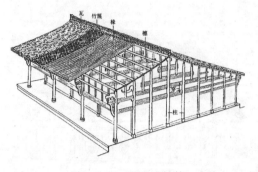

图 2-2-22　穿斗式结构

的整体构架（图 2-2-22）。它的主要特点是用较小的柱与数木拼合的"穿"，做成相当大的构架。这种木构架在汉朝已经相当成熟，流传到现在，是我国民居较普遍的建筑形式，为南方地区建筑所普遍采用。也有在房屋两端的山面用穿斗式，而中央诸间用抬梁式的混合结构法，其特点是便于施工，抗震性好，用料节约，不宜用于大型殿楼建筑。

（三）井干式木构架。在商朝后期陵墓内就已使用了井干式木椁，它是用天然圆木或方形、矩形、六角形断面的木料，层层累叠，构成房屋的壁体。这是最原始简单的结构，现在除少数山区林地外已很少采用。

在上述三种结构形式以外，西藏、新疆等地区还使用密梁平顶结构。在当时社会条件下，承重与围护结构分工明确，便于适应不同的气候条件，有减少地表危害的可能性、材料供应比较方便的优点。

（四）木构架的举折（图 2-2-23，图 2-2-24）。

（五）戗角。北方做法（图 2-2-25），南方做法（图 2-2-26）。

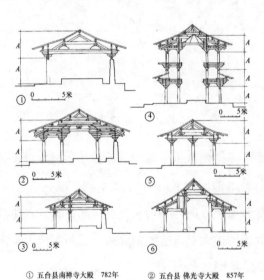

① 五台县南禅寺大殿　782年　　② 五台县 佛光寺大殿　857年
③ 榆次县　永寿寺雨花宫　1008年　④ 蓟县独乐寺观音阁　984年
⑤ 蓟县 独乐寺山门　984年　　　⑥ 宁波市 保国寺大殿　1013年

图 2-2-23　唐、宋、辽代建筑断面比例图

（柱高为中平槫高之半）

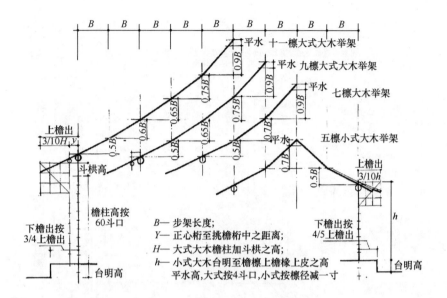

图 2-2-24　清官式大木举架出檐图

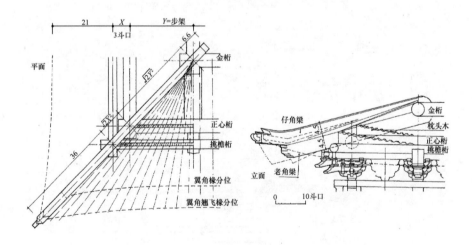

图 2-2-25　清官式大木戗角及角架结构图（北方做法）

　　使用榫卯组合柱梁檩等构件是中国建筑的一大特点，构成了具有一定弹性的框架。古代匠师在这方面创造了各种不同用途的榫卯，例如明清官式建筑的大木榫卯，常见者就有二十几种（图 2-2-27）。

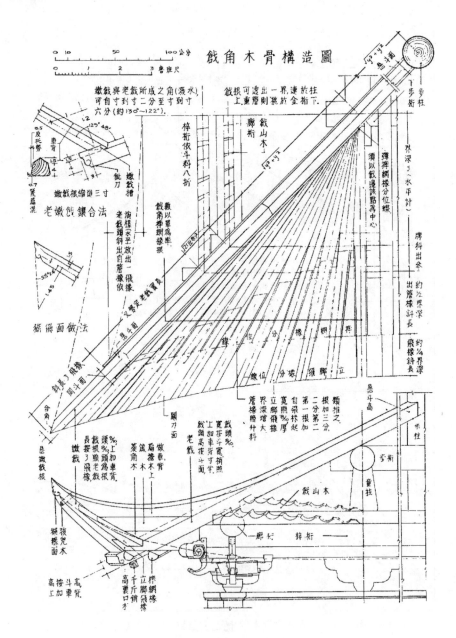

图 2-2-26　戗角木骨构造图

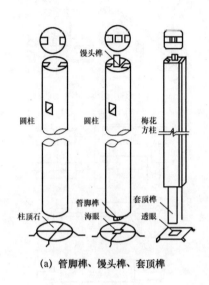

(a) 管脚榫、馒头榫、套顶榫

(b) 脊瓜柱、角背、扶脊木节点

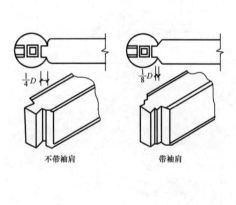

(c) 燕尾榫

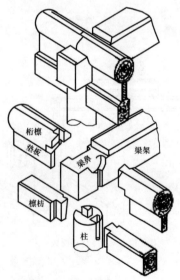

(d) 柱、梁、枋、垫板节点

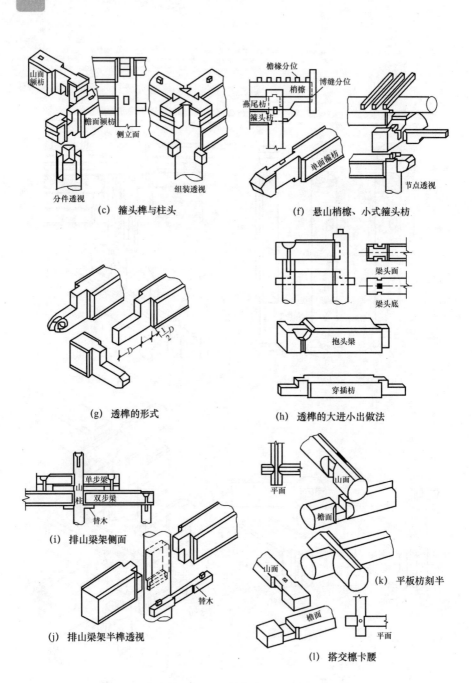

图 2-2-27　明清官式建筑的大木榫卯

明清建筑的大木榫卯，较之唐宋时期，在构造手法上虽然是大大地简化了，但它仍保持了原有的功能。从现存若干明清建筑物来考察，它们已经历数百年的考验，因地震或自身重量而被破损者甚少，充分显示了木构榫卯结构的严谨可靠。

我国匠师在长期的发展过程中，又创造了"斗栱"这种独特的构造形式，成为我国古建筑的重要特征（图2-2-28）。斗栱立在方形坐斗

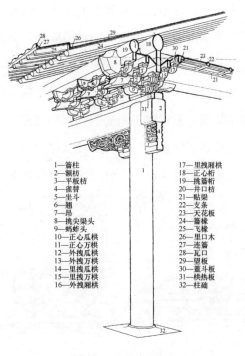

1—箐柱	17—里拽厢栱
2—额枋	18—正心桁
3—平板枋	19—挑箐桁
4—雀替	20—井口枋
5—坐斗	21—贴梁
6—翘	22—支花板
7—昂	23—天花板
8—挑尖梁头	24—箐橡
9—蚂蚱头	25—飞橡
10—正心瓜栱	26—里口木
11—正心万栱	27—连箐
12—外拽瓜栱	28—瓦口
13—外拽万栱	29—望板
14—里拽瓜栱	30—盖斗板
15—里拽万栱	31—枕热板
16—外拽厢栱	32—柱础

图 2-2-28　中国古代建筑斗栱组合

上用若干方形小斗和若干方形的拱层叠装配而成。斗栱的位置在柱子与梁和其他构件的交接处，它的作用不仅有加大加长节点的连接力，增强抗剪能力的作用，而且还有装饰作用。出檐的深度越大，斗栱的层数也越多。据考古资料表明，早在春秋时期，建筑上就已出现斗栱（图 2-2-29）。从实用观点来讲，斗栱最初是用以承托梁枋，还用于支撑屋檐。后来又进一

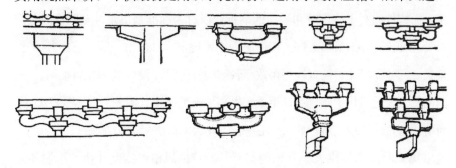

图 2-2-29　汉代斗栱形式

步发展，广泛地用于构架各节点上，成为不可或缺的构件。特别是高大的殿堂和楼阁建筑，每以恢弘壮丽取胜，出檐深度越来越大，则檐下斗栱的层数也越来越多。至隋唐时期斗栱的型制已达成熟阶段（图2-2-30），凡属高级建筑如宫殿、坛庙、城楼、寺观和府第等，都普遍使用斗栱，以示尊威华贵。但封建王朝法制却严格规定："庶民庐舍，不过三间五架，不许用斗栱、饰色彩"，因此，建筑物上有无斗栱就成了识别等级地位的显著标志。可见斗栱在古建筑的结构和装饰方面占有突出的地位。

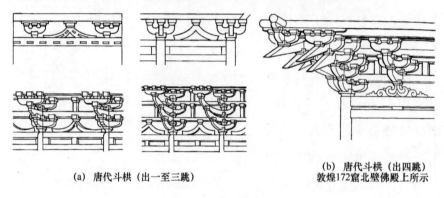

(a) 唐代斗栱（出一至三跳）　　　　(b) 唐代斗栱（出四跳）
敦煌172窟北壁佛殿上所示

图 2-2-30　唐代斗栱

为便于估工算料和制作安装，斗栱逐渐形成了定型化构件。至少在宋代以前就已形成以斗栱的断面作为权衡梁枋比例的基本尺度，后来发展为周密的模数制，即宋《营造法式》对此已有了明确的规定，所称的"材"。材的大小共有八等，而材又分为十五等，以十分为其宽。根据建筑类型先定材的等级，而构件的大小、长短和屋顶的举折皆以材为标准来决定。至明清时仍继承着这种传统，如清《工部工程做法则例》规定，材分十一等，最小者一寸，最大者六寸。以斗口的宽度为模数，各部构件的尺寸设计皆由斗口推衍而出。因此，大大地简化了建筑设计手续，提高了施工速度（图2-2-31、图2-2-32）。而清代官式建筑中，流行的二十七种标准化大木做法影响尤为深远。

每个时代的斗栱大小和比例都有其独特的风格。因此斗栱的形制还是鉴别古建筑年代的重要依据。斗栱在建筑物上经历了由粗壮发展为纤细，由功能性发展为装饰性的过程。现存著名的唐代建筑五台县佛光寺大殿、辽代建筑蓟县独乐寺观音阁、应县木塔、明代建筑昌平长陵大殿和清代建筑太和殿等，都是应用这种结构方法的范例。

木构架以外，周朝初期已经产生了瓦，接着战国时代出现了花纹砖和大块砖，汉代开始使用印有人物的各种花纹贴面砖和砖券。公元6世纪上半期，北魏宫殿已使用琉璃瓦，同时自汉以来，建造了不少形态美丽和雕刻精湛的墓、塔和桥梁。其中公元七世纪初隋朝建造的赵县安济桥，不仅形态优美，也开创了世界上敞肩式拱桥结构，有力说明中国古代匠师在石结构方面的较高成就（图 2-2-33）。

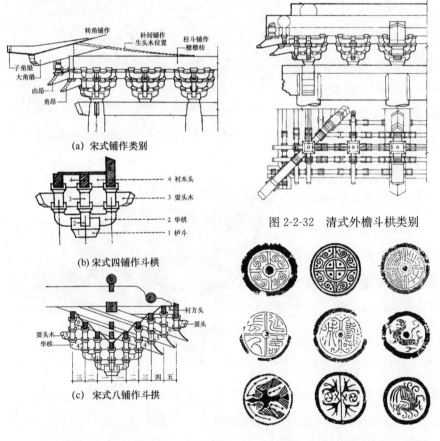

(a) 宋式铺作类别

(b) 宋式四铺作斗栱

(c) 宋式八铺作斗栱

图 2-2-31　宋式斗栱

图 2-2-32　清式外檐斗栱类别

图 2-2-33　秦汉瓦当

三、丰富多彩的院落布局

以木构架为主的中国建筑体系，在平面布局上具有一个简明的构造规律，习惯是以"间"为单位构成单座建筑，再以单座建筑组成庭院，进而以庭院为单元构成各种形式的组群。布局运用了平衡、韵律、和谐、对比、明暗、对称、轴线等处理手法，一般都采用均衡对称的方式，沿着纵轴线与横轴线布局（图2-2-34）。大多皆以纵轴为主，横轴为辅。但也有纵横两轴线并重的，或者只是局部有轴线或完全没有轴线的例子。

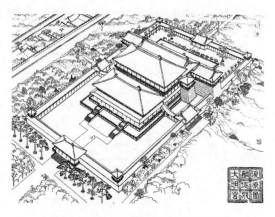

图 2-2-34　唐大明宫麟德殿复原图

庭院布局大致可分为两种。一种是在纵轴线上先配置主要建筑，再于主要建筑的两侧和对面布置若干座次要建筑，组合成为封闭性的空间，称为"三合院"或"四合院"（图2-2-35）。这种布局方式便于安排生活的各种功

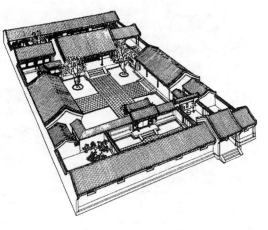

图 2-2-35　北京四合院（典型的三进院）

能要求，在我国古代社会宗法和礼教制度下，使尊卑、长幼、男女、主仆之间有明确的区别，同时也保证安全和防灾的需要，以及对不同性质的建

筑和艺术上的需求。只要将庭院的数量、形状、大小与木构建筑的形体、式样、材料、色彩等加以变化，就能够做到多样化。因此，在从殷商时代以后的长期的奴隶社会中，即使是气候悬殊，地理环境有差异，在全国各地，无论是宫殿、祠庙、衙署或民居都比较广泛地使用这种四合院的布局方式。

另一种庭院布局是"廊院"制。在纵轴线上建主要建筑和次要建筑，再在院子左右两侧用回廊将若干单座建筑联系起来，构成一个完整的格局，合为一个整体，就称为"廊院"。这种以回廊与殿堂等建筑相组合的做法，且回廊各间可装上风格各异的窗户，便于向外眺望，扩大空间感，这种回廊的使用在空间上可起到高低错落、虚实对比的艺术效果。从汉代到唐宋两代的宫殿、祠庙、寺观多采用这种群体组合形式。现存实例如元代北京东岳庙和明代青海乐都瞿昙寺，其平面总体布局还保持着这种廊院制的传统形式，是十分可贵的实物例证。

至于巨大的建筑群，则常以重重院落相套向纵深方向发展，横向则配置以门道、走廊、围墙等建筑，分隔成为若干个互相联系的庭院。例如北京明清故宫、明长陵和曲阜孔庙等几个大建筑群，都体现了这种群体组合的卓越成就。

四、美丽动人的艺术形象

我国的古代建筑艺术，经过历代匠师的长期努力和经验积累，创造出丰富多彩的艺术形象，成为中国古代建筑的显著标志，概括说来，建筑的单体分为基座、屋身、屋顶三个组成，此外还有室内、室外的装修和陈设布置。主要成就有以下几方面。

（一）基座

主要是建筑的基础加之装饰，主要表现形式如图 2-2-36～图 2-2-38 所示。

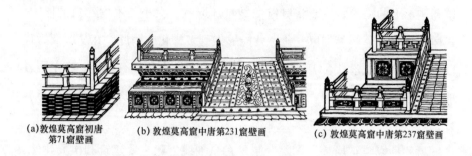

(a)敦煌莫高窟初唐　　　(b)敦煌莫高窟中唐第231窟壁画　　　(c)敦煌莫高窟中唐第237窟壁画
第71窟壁画

图 2-2-36　唐代台基

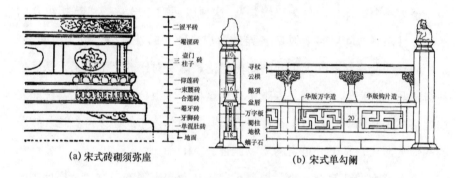

(a) 宋式砖砌须弥座　　　　　　　　　　(b) 宋式单勾阑

图 2-2-37　宋代台基

利用建筑构件本身进行艺术加工。在大木构造中，借助于木构架的组合与各种构件的形状及材料质感等进行艺术加工，从而使建筑的功能、结构和艺术达到协调统一的效果，这是中国古代建筑特点与其卓越成就之一。如房屋下部的台基与柱的侧脚、墙的收分等相配合，就从外观上增加了房屋的稳定感。各间面阔采用明间略大的尺度，既满足了功能需要，又使房屋外观具有主次分明的艺术效果。

梁、枋、斗栱、雀替、博风、门簪、墀头、天花、藻井等，都是具有功能的机构部分，经巧妙的艺术处理，克服了体形的笨重感，以艺术的形象出现于建筑上。由于处理手法得当，使人并无虚假生硬的感觉（图 2-2-39）。

（二）屋顶的形式与建筑的艺术装饰

我国古代建筑为了防止雨水淋湿版筑墙，很早以来，屋顶上就采用了较大的出檐，但出檐过深，必然妨碍室内采光，故从汉代起出现了微微向上反曲的屋檐。接着又出现了屋角反翘和屋面举折的结构做法，遂使体形庞大的坡顶屋面迥异其趣，成为中国古代建筑一个非常突出的特点。

屋顶是中国古建筑的冠冕。为了适应功能和审美要求，屋顶的结构和式样不断发展，出现了丰富多彩的艺术形象。据考古资料反映，从汉代起已有庑殿、歇山、悬山、硬山、卷棚、盝顶、单坡、平顶、囤顶等屋顶形式。其组合形式又有丁字脊、十字脊、勾连搭、重檐等（图 2-2-40）。中国古代匠师在运用

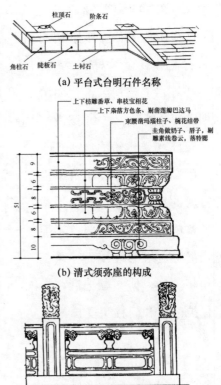

(a) 平台式台明石件名称

(b) 清式须弥座的构成

(c) 清式勾阑

图 2-2-38　明清台基

屋顶形式方面取得了突出的艺术效果，如唐宋的绘画中就反映了很多优美的屋顶组合形象，今天我们看到的北京故宫、颐和园、天坛等处，均以丰富多彩的屋顶形式，加强了艺术感染力（图 2-2-41～图 2-2-44）。

（三）内外檐的木装修

由于木结构不需要墙壁承重，可使屋身部分根据不同用途做出多种处理方式。例如外檐，或装木隔扇，雕以各种玲珑的窗格；或安装槛窗、支摘窗和栏槛钩窗；或安板门、格门和屏门；或全部开敞，只在檐柱之间安坐凳阑干。至于室内隔断，除板壁之外，还可以安装设半透空的、可开阖的碧纱橱、落地罩、花罩、栏杆罩，以及兼用于陈设文物图书的博古架、书架，还有屏风及帷幔等，采用十分多样灵活的形式，以适应不同分间的

要求（图 2-2-45～图 2-2-47）。

这些内檐装修，多采用高级木材制作。全系榫卯结构，造型洗练，工艺精致，至明清时期已发展成为一种专门工艺。

（四）五彩缤纷的建筑色彩

色彩是中国传统建筑中极为重要的组成部分，无论是建筑的整体色彩还是细部色彩配置，都与建筑的规模、等级是密切相关的。据文献记载，为了保护门窗和门柱免受雨淋日

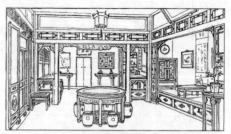

(a) 北京四合院

(b) 苏州住宅

图 2-2-39　清式住宅内檐装修图

图 2-2-40　中国古代建筑屋顶

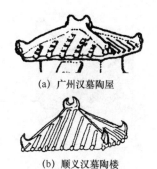

(a) 广州汉墓陶屋

(b) 顺义汉墓陶楼

图 2-2-41 汉代"短脊顶"

(a) 敦煌莫高窟盛唐第148窟壁画

(b) 西安大雁塔门楣
石刻鸱尾(初唐)

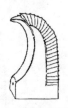

(c) 大明宫麟德殿
前出土鸱尾(初唐)

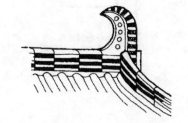

(d) 敦煌莫高窟初唐第220窟壁画

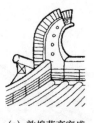

(e) 敦煌莫高窟盛
唐第126窟壁画

(f) 佛光寺大殿
元代仿唐鸱吻

图 2-2-42 唐代屋顶

晒,很早以来就有在房屋上添加油漆彩绘的习惯。如"丹桓宫之楹,而刻其桷"(左传·庄公二十三年),"山节藻棁"(论语·公冶长),标志着远在春秋战国时期(公元前 6 世纪),帝王们为了显示华贵,就使用强烈的原色来装饰宫室建筑了。汉长安宫殿"绣栭云楣,镂槛文焕,裹以藻绣,文以朱绿"(汉·张衡《西京赋》),孙吴建业宫室"青琐丹楹,图以云气"(晋·左思《吴都赋》),可见两汉以来帝王宫室雕饰彩绘的大致情形。

近年考古发现的沂南汉墓,墓门石雕藻井上,莲瓣菱文杂以朱、绿、黑色为饰;南京牛首山南唐李昪墓,通体砖构,壁柱和斗栱以石灰衬地,刷白粉,然后敷彩,杂间朱、黄、青、绿诸色,运用渍墨晕染做法,色彩

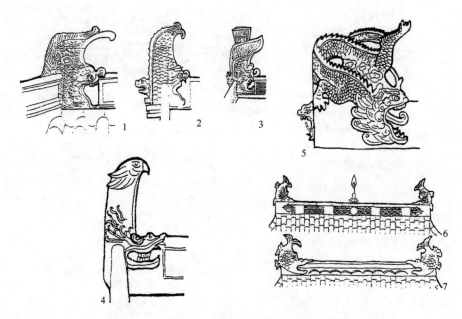

1—蓟县独乐寺山门鸱吻；2—大同下华严寺壁藏鸱吻；3—宋画瑞鹤图鸱吻；
4—福建泰宁甘露庵蜃阁鸱吻；5—朔县崇福寺弥陀殿鸱吻；
6—金山寺佛殿鱼形吻；7—何山寺钟楼鱼形吻

(a) 宋辽金时期的鸱尾

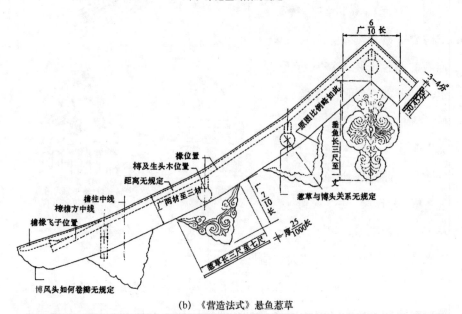

(b) 《营造法式》悬鱼惹草

图 2-2-43 宋代屋顶

极为绚丽；敦煌
427 窟，尚存北宋
开宝三年（970 年）
所建木构窟廊三
间，外檐五彩装
銮，以朱红为地，
柱与阑额上彩绘连
珠、束莲和菱文，
青绿迭晕。斗栱，
斗子刷染绿色，栱
子刷红地，绘杂色
花，略似《营造法
式》所谓"解绿结
华装"的做法，其
构图、设色与明清
时期彩画作风完全
异趣，这是今日见
于地面建筑最早的
实例，极其珍贵。

彩画制作方
法，宋《营造法
式》中有明细规
定，分为六大类：
五彩遍装、碾玉
装、青绿迭晕棱间
装、解绿装饰、丹

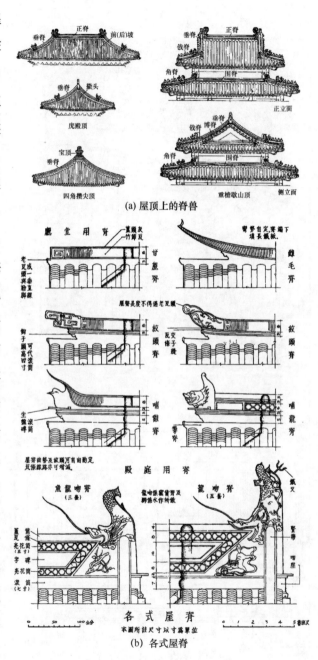

(a) 屋顶上的脊兽

(b) 各式屋脊

图 2-2-44 明清屋顶

(a) 鉴真和尚纪念堂室内透视图
（引自《唐风建筑营造》）

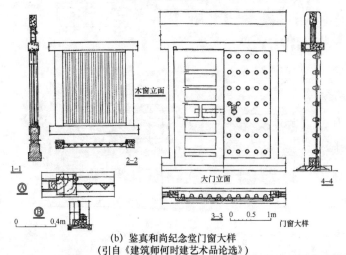

(b) 鉴真和尚纪念堂门窗大样
（引自《建筑师何时建艺术品论选》）

图 2-2-45 唐代木装修

粉刷饰及杂间装，书中对如何衬地、贴金、调色、衬色、淘取石色及炼桐油诸项工艺，也都做了详细介绍。

明洪武初年规定："亲王府第、王城正门、前后殿及四门城楼饰以青绿点金，廊房饰以青黑，四门正门涂以红漆"。高下等级显然有别。惜明代未曾颁行有关营造方面的官书，至今未见一部关于描写其彩画制度的详细著作。仅见明代私人所著《碎金》一书

(a) 宋式格子门

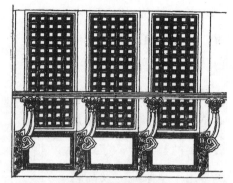

(b) 宋式阑槛勾窗

盘毯

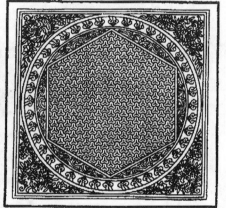

琐子

(c) 宋式平棊图案

中有片段记载，获知明代彩画有琢色、晕色、彩画、间色四种做法。

清代彩画在继承明代工艺传统的基础上，又有进一步的发展，见于《工程做法则例》。彩画作各卷的名色细目多达七十余种。常用者大致有三种：合细五墨彩画（俗称"和玺"彩画）、青绿旋子彩画和苏式彩画。其中合细和苏画是清代发展起来的新品种（图

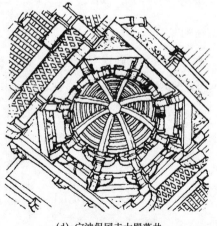

(d) 宁波保国寺大殿藻井

图 2-2-46 宋代木装修

2-2-48）。从应用范围来讲，金线合细彩画用于宫殿、坛庙等高级建筑上；青绿旋子画多用于城楼、府第、寺观、街衢牌楼及较次要的建筑上；苏式彩画多用于皇家苑囿及高级住宅。总之，封建社会时期，建筑油饰彩画的应用，都有严格的等级限制，不准违章滥用。

我国古代建筑在色彩运用上，由于受审美习惯的影响，表现了显著的时代风尚。例如南北朝至隋唐，宫殿、庙宇建筑多用白墙、红柱，或在柱、枋、斗栱上施以各种彩绘，屋顶覆以黑色及少数绿色琉璃瓦（即绿琉璃剪边）。宋、金的宫殿建筑，喜用白石台基、红色的墙、柱、门、窗和黄、绿两色琉璃瓦顶，檐下的斗栱、枋额等则用朱红或白粉

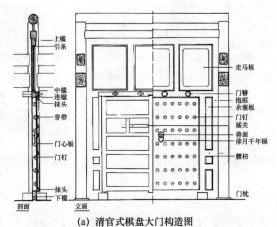

（a）清官式棋盘大门构造图

（b）北京某宅棋盘式大门

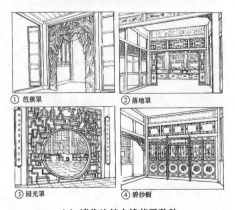

（c）清代建筑内檐花罩数种

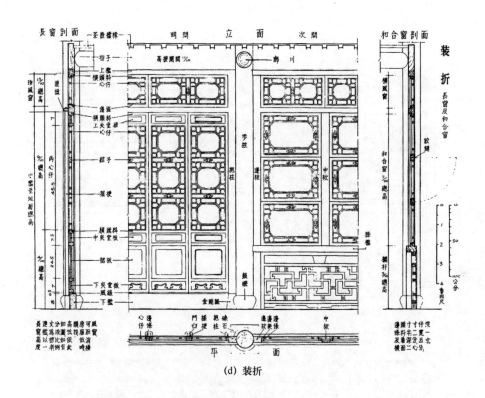

(d) 装折

图 2-2-47 清代木装修

衬地，绘青绿彩画，间装金色。这种做法直至元代，仍在大内宫殿建筑上继续沿用。不过从若干考古资料来看，青绿迭晕棱间和解绿装饰在一般寺院、官廨中却广泛流行起来。至明清两代，彩色运用更趋制度化。白石台基，黄绿色琉璃瓦顶、朱红色的门窗柱和以青绿冷色为主调的金碧交辉的梁枋彩画，成了宫廷、坛庙中最盛行的建筑色调，在图案和设色方面形成了这一时代的传统风格，标准化、程式化的格调十分浓厚。今天我们在北京故宫、天坛、颐和园等处所看到的古建筑油饰彩画就是代表性的实物例证。

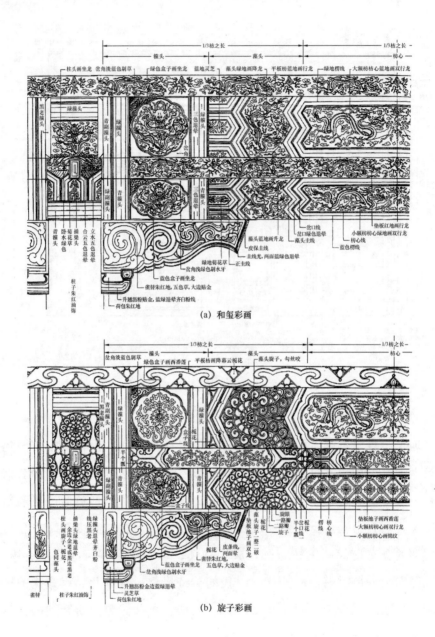

(a) 和玺彩画

(b) 旋子彩画

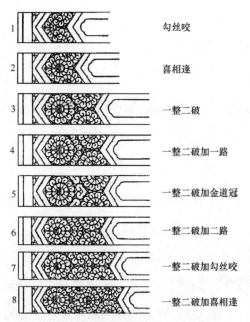

1		勾丝咬
2		喜相逢
3		一整二破
4		一整二破加一路
5		一整二破加金道冠
6		一整二破加二路
7		一整二破加勾丝咬
8		一整二破加喜相逢

(c) 旋子彩画藻头处理

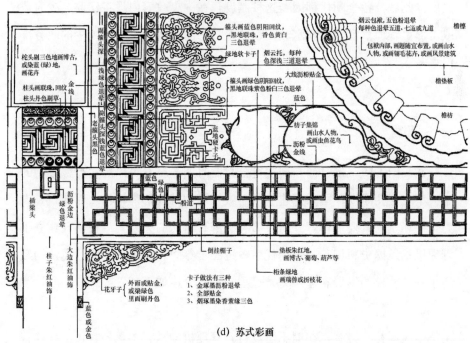

(d) 苏式彩画

图 2-2-48　各式彩画

第三节　中国园林古建筑的营造

中国古代的工官制度是工官掌管统治阶级的都城和设计、征工、征料与施工组织管理，同时对于总结经验、统一做法实行建筑"标准化"，也发挥一定的推进作用。据《周官》、《左传》记载，公元前 10 世纪（西周时期），统治阶级为了营建城郭宫室，就设置专司丈量多种建筑尺度的官吏——"量人"，掌管设计与施工组织管理工作，而且它们都已定为国家制度。此后，各个朝代都因袭这种制度，在中央政府内设将作监、少府监或工部，管理皇家营造和水利工程的设计、施工，成为不可缺少的政务部门之一。

一、工官

在我国古代，夏、商、周实行分封制时期，至秦汉以后实行郡县制的中央集权王朝时期，国家都建立了有效管理的行政管理机构。而建筑是人类生存环境的重要工作，并与政治和经济有密切的关系，故很早就建立了管理机构。据史料记载，自周代后，近三千年间，我国古代的营造机构经历了一个漫长的发展和逐步完善过程，大体分述如下：

（一）周代

据《周礼》记载，在周王所设行政管理机构六官中，冬官司空和夏官司马都与营造有关。冬官的长官司空为工官之首，监督百工工作，其职司除市政和宫庙建设外，还包括各种器具的制作。其中，"匠人"是负责房屋工程的匠师。夏官的长官司马统辖军事，其中还有量人、掌固、司险等官都与疆域划分、宫室建设、城市布局、防御建设、国土交通等工程建设相关。

（二）秦、汉时期

秦朝以后，我国进入实行郡县制的中央集权王朝时期，建立起中央与地方的行政机构。据《汉书》、《后汉书》等记载，西汉时中央政府的工官仍沿用周代时的制度，由司空主持国家建设项目的机构；东汉时，随中央行政机构的改革，由尚书民曹主管。但自秦代起，又增设了由将作少府主管的皇室营造机构，汉代时，又称为将作大匠。此后，开始在中央形成了国家工程建设项目机构尚书民曹和皇室建筑营造机构将作大匠，并将这两个并行的管理机构，一直沿袭至清代。

（三）魏、晋、南北朝时期

曹魏时仍用西汉旧制，内设负责建筑与水利工程的司空。到南北朝时期，基本与东汉相似，中央政府设有主管国家工程的尚书起部和主管宫室宗庙等皇家工程的将作监两个并行的管理机构。

（四）隋、唐、五代时期

根据《唐书》和《唐六典》的新旧版本记载，隋、唐两代营造机构也分为尚书工部和将作监两个系统，但其职能与前代相比有点变化。唐代中央政府的工部主要以行政管理为主，将作监已经总揽了唐两京的皇家和国家重点工程项目的具体设计与施工。尚书工部在地方部门内也设有公、私房屋营造的专官。

（五）宋、辽、金时期

根据《宋史》及《宋会要辑稿》等记载，北宋前期国家工官属经济管理机构"三司修造案"。元丰改官制后，基本参照唐制，工部为管理机构，以将作监为国家工程建设的实际实施机构。将作监设有主管施工与建材生产的分设机构。北宋后期还命将作监负责制定具体的建筑设计施工的规则——《营造法式》，法式中明确规定标准做法和工料定额，主要供工程督查验收时使用，对宋代建筑行业发展有重要推动作用。南宋中期以后国家项目投资较少，主要由临安府、两浙转运司等地方机构实施。

据《辽史》记载，中央机构宣徽院相当于工部，在诸监中设有将作监、都水监，负责营造管理。

金代工官制参照北宋时期的设置机构，在尚书省下所设六部中有工部，但是在诸监设置中，只有都水监而没有将作监。

（六）元代

元代中央的工程管理机构，分为行政机构工部和宫廷建筑机构修内司两大并列机构。工部除主管全国建设项目法令法规的制定外，也负责一些工艺制作。修内司则是具体从事营建宫殿及首都重要建筑的建设部门。

元代有主管祭祀和宗教的专设机构太禧宗禋院，主管修建为帝、后祈福的大型佛寺工程，并为死去的帝、后在著名佛寺内建供奉遗像的影堂。这是其他各朝所没有的专建造宗教建筑的皇家建筑机构。

（七）明代

明代中央政府的工官是工部，又在宦官的十二监中专设有内官监，统管宫殿、陵墓等皇室工程，虽名称不同，但仍是工部主持国家工程项目和内官监主管皇室建筑工程两个并列机构。内官监是由宦官掌管的。

（八）清代

清代把国家建筑工程分为内工、外工两部分。外工指政府公共工程，包括坛庙、城垣、仓库、营房等，也包括一些称为"大工"的外朝重要宫殿建设，由工部的满族和汉族行政官掌管。内工为皇室工程，包括皇城、内廷、园林、陵苑的建造与修缮等，只由内务府的满族官员和宦官掌管。随着内工的日益扩大，清代在内务府专设了管理皇家工程的机构——营造司，主管紫禁城宫殿内廷部分和离宫、别院、园林、陵苑的修建与修缮。

二、设计

关于建筑设计，汉朝初期已有图样，在隋代已有百分之一比例的建筑图样及模型，均有中央政府所定式样，颁送各地按图建造。唐代将作大匠阎立德和宋代将作监李诫等都是很有能力的建筑专家，当时的长安、洛阳和汴京，有些宫殿、府第就是他们设计建造的。那时的主要工匠称"都料匠"，他们熟悉营造工程，既从事设计图样，又主持施工。如北宋太平兴国六年（981年）建造的汴京开宝寺灵感塔，八角十一层，就是都料匠喻皓规划设计的。此外，当时皇家画院中有些画界名手如郭忠恕、刘文通等也曾应征参与建筑图样的设计工作。明代工部营缮所，官员多由工匠初审，如木工蒯祥和石工陆祥，由于擅长营造技术，能主持重大工程，后来都晋升为工部侍郎，成为工部的首脑人物。蒯祥在永乐间建北京宫殿和天顺末年建裕陵，出色地完成了大量建筑设计任务，皇帝也"每每以蒯鲁班呼之"，驰名于世，因有"蒯鲁班"之称。

至清代，工部掌管"外工"，内务府掌管"内工"。设计机构分"样房"和"算房"。样房负责图样设计，算房负责编制施工预算，分工明确。当时著名的有"样房雷"和"算房刘"。建筑设计除绘制各种比例尺的图样（包括大样图）外，还使用不同比例尺的模型，成为"烫样"。并将房屋的面宽、柱高、柱径、台明高、出檐等关键性尺寸，以黄纸签标注在烫样上，使人可一目了然。烫样不仅能表示房屋的外部形式，还能表现出内部的结构情况，对进一步研究建筑设计的意图有很大帮助，可称是当时的一种先进设计方法。清同治年间，样房雷家所制圆明园烫样，北京图书馆和故宫皆有收藏，可供我们观摩研究。

三、施工

明代以前，统治阶级采取垄断政策，将若干专业匠工一律编为匠户，子孙不得转业，世世代代都要为皇家服役。至清朝初年仍沿用明朝旧制，例如康熙三十六年（1697 年）重建太和殿，大木匠梁九、瓦作马天禄、李保等匠作高手皆供役内府，参与施工。梁九且以"掌握尺寸匠"身份主持施工现场工作。当时大量的工匠皆征自全国各地，每年定期向皇家输役，称为"班匠"。不久便废除这种班匠输役制，改行雇役制，皇家一切建筑工程皆由私营木厂承包，这是中国建筑业生产关系的一个重要转变。

清代的建筑业有明确的专业分工。据《工部工程做法则例》记载，有大木作、装修作（门窗、隔扇、小木作）、石作、瓦作、土作、搭材作（架子工、扎彩、棚匠）、铜铁作、油作（油漆作）、画作（彩画作）及裱糊作等 11 个专业。其中大木作作为诸作之首，在房屋营建中占据主导作用。

如按专业工种细分，又有雕銮匠（木雕花活）、菱花匠（门窗隔扇雕作菱花心）、锯匠（解锯大木）、锭铰匠（铜铁活安装）、砍凿匠（砍砖、凿花匠）、镟花匠（裱糊作：墙面贴络、顶棚上镟花岔角、中心团花）、夯锅夫（土作夯筑，下地丁、打桩）和窑匠（玻璃窑匠配合瓦工查点玻璃脊瓦料）等工。与上面所列各种工种总计约有 20 多个工种。至于建材制作加工以外，如木装修的铜铁事件、宝顶、门环兽面鎏金，以及硬木装修的雕镂镶嵌等美术工艺，多与建筑有密切联系，还不包括在建筑业范围之内。

关于古代建筑的工程做法问题，以北方为代表，清代《工部工程做法则例》一书，列举了 27 种房屋的构造尺寸和各种物料名称，而对于瓦、木、油、石各作的施工方法和操作规程却未做介绍。而以南方《营造法原》一书，按各部做法系统地阐述了江南传统建筑的形制、构造、配料、尺度、工限等内容，兼及江南园林建筑的布局和构造，内容实际而丰富。但在实际的营造过程中，各做法都有一套师徒相传、经久可行的技术规范。只要熟记房屋营造则例和口诀术语，并有丰富的施工经验，就能胜任古建筑的维修任务。特别是那些工艺性很强的砖、瓦、木、石雕刻和油漆彩画，全赖手工操作，须有多年艺术造诣和丰富的实践经验，才能胜任。工艺质量的高低，全凭手艺的熟练程度如何。工匠由于学艺出生的厂家不同，一个师傅一种传授，因此反映在工程质量及外观上，就产生了各种不同流派的手法和风格。

《工部工程做法则例》在房屋构造的尺寸上虽做了严格统一的规定，但据若干古建筑实例表明，它们只是大体相似，基本上符合《则例》要求。至于细部做法则各有出入，存在着一定的差异，实际上也一直未能达到完全规范化、标准化的程度。问题的产生不外以下几种原因：由于古时劳动人民受奴役、受压迫，没有文化，所有古建操作技术的流传一直采用"口传身授"的形式，历代劳动人民虽然创建了许多著名的建筑工程，积累了不少实际经验，但他们却没有留下什么文字总结或著作，因而"人亡艺绝"；由于当时历史条件所限，南北方很少交流技术经验，眼界狭隘，思想保守，因此各地的建筑工程各有自己的一套传统手法，地区性的差别十分明显，如江南有徽州帮、苏州帮，北方有北京帮、山西帮；由于古建中使用的材料种类规格繁多，有时因受材料供应的限制，而修改了尺寸规定；也有些是建筑师在做法上进行了创新，突破了旧有的规定；还有由于工人的错误修缮改变了原貌，或是封建把头在施工中偷工减料，有意变更做法，破坏了老传统。因此，所有这些因素便给今天的古建修缮带来了一定的麻烦和困难。

四、著作

（一）《考工记》

《考工记》是我国战国时期记述官营手工业各工种规范和制造工艺的

文献，原未注明作者及成书年代，一般认为它是春秋战国时代经齐人之手完成的。这部著作记述了齐国关于手工业各个工种的设计规范和制造工艺，书中保留有先秦大量的手工业生产技术、工艺美术资料，记载了一系列的生产管理和营建制度，一定程度上反映了当时的思想观念。

今天所见《考工记》，是作为《周礼》的一部分。《周礼》原名《周官》，由"天官"、"地官"、"春官"、"夏官"、"秋官"、"冬官"六篇组成。西汉时，"冬官"篇佚缺，河间献王刘德便取《考工记》补入。刘歆校书编排时改《周官》为《周礼》，故《考工记》又称《周礼·考工记》（或《周礼·冬官考工记》）。

《考工记》全书共 7100 余字，包括两个部分，第一部分约与总目、总论相当，主要述说了"百工"的含义，它在古代社会生活中的地位，及获得优良产品的自然和技术的条件。第二部分分别述说了"百工"中各工种的职能及其实际的"理想化"的工艺规范。书中说国有六职，即王公、士大夫、百工、商旅、农夫、妇功。百工系六职之一，它又包括了木工、金工、皮革、染色、刮磨、陶瓷等六大类 30 个工种的内容，反映出当时中国所达到的科技及工艺水平。此外《考工记》还有数学、地理学、力学、声学、建筑学等多方面的知识和经验总结。

总之，《考工记》一书从多方面反映了先秦科学技术的发展状况和先进水平，以及人们对生产过程规范化的一些设想和周王朝的一些典章制度。这是我国古代比较全面地反映整个手工业技术的唯一的一本专著，在中国科技史、工艺美术史和文化史上都占有重要地位。

（二）《木经》

《木经》是一部关于房屋建筑方法的著作，也是我国历史上第一部木结构建筑手册，作者喻皓，为北宋前期浙东建筑工匠，曾被欧阳修称为"国朝以来木工一人而已"。令人遗憾的是，这部书后来失传了。北宋沈括在《梦溪笔谈》中有简略记载，《木经》对建筑物各个部分的规格和各构件之间的比例做了详细具体的规定，一直为后人广泛应用。《木经》的问世不仅促进了当时建筑技术的交流和提高，而且对后来建筑技术的发展有很大影响。李诫编著的《营造法式》一书，在很多部分上都是从《木经》上参照的。

此书将屋舍建筑概括为"三分"：自梁以上为"上分"，梁以下、地面以上为"中分"，台阶为"下分"。凡是梁长多少，则梁到屋顶的垂直高度就相应地配多少，以此定出比例。如梁长八尺，梁到屋顶的高度就配三尺五寸，这是厅堂的规格，这称为"上分"。柱子高若干尺，则堂基就相应地配若干尺，也以此定出比例。如柱子高一丈一尺，则堂前大门台阶的宽度就配四尺五寸之类，以至于斗栱、椽子等都有固定的尺寸，这称为"中分"。台阶则有"峻"、"平"、"慢"三种：皇宫内是以御辇的出入为标准的，凡是抬御辇自下而上登台阶，前竿下垂尽手臂之长，后竿上举也尽手臂之长，这样才能保持平衡的台阶称为"峻道"（抬辇的共有十二人：前二人称前竿，其次二人称前绠；又其次二人称前胁，其后二人称后胁；再后二人称后绠，最后二人称后竿。御辇的前面有队长一人称传唱，御辇的后面有一人称报赛）；前竿与肘部相平，后竿与肩部相平，这样才能保持平衡的台阶称为"慢道"；前竿下垂尽手臂之长，后竿与肩部相平，这样就能保持平衡的台阶称为"平道"；这些称为"下分"。其书共有三卷。近年土木建筑的技术更为严谨完善了，已多不用旧时的《木经》，然而还没有人重新编写一部这样的书，这也应该是优秀的木工值得留意的一项业内之事。

（三）《营造法式》

《营造法式》是中国古代建筑史上最重要的一部著作。此书作者李诫（1035年—1110年），奉旨编修《营造法式》。他任将作监（宫廷工程总负责）7年，具有丰富的实践经验。在此基础上他总结出许多营造的法则，于是便开始编写《营造法式》。此书共34卷，内容分为五部分：

（1）"序"、"劄子"和"看样"。此三部分属"序目"，扼要地叙述了交代任务的经过和编此书的指导思想。在"看样"中更为详细地说明许多规定和数据，如屋顶的坡度线及其画法、计算材料所用的各种几何形的比例、定垂直和水平的方法。还对"功"做了原则性的规定："功分三等，第为精粗之差"，即按工种的难易、手艺的高低，把"功"分为上、中、下三等。在计算劳动定额时，"役辨四时，用度长短之晷"，即据一年四季日照时间的长短，将夏季定为长工，春、秋二季为中工，冬季为短工，工值以中工为标准，长、短工则增、减百分之十。又定"木议刚柔，而理无不顺"，按木质软硬定出加工定额的差度。"土评远迩而力易以供"，按取土的远近定出土方定额的多少。这些原则规定，都为"功限"的制定提供依据。

（2）"总释"、"总例"两卷。注释各种建筑和构件的名称，力求统一。另外，在"总例"中对营造的某些规定和数据加以说明，如计算木料的方圆几何关系和计算人工的"功限"标准等。

（3）各作制度 13 卷。分别叙述了壕寨、石、大木、小木、雕、旋、锯、竹、瓦、泥、彩画、砖、窑 13 个工种的标准做法。工种的排列，基本上是按施工程序的相互衔接、相互配合来考虑的。从土方工程、基础工程、承重结构体系到装修工程、墙体、屋盖等方面都依次说到了。在各作制度中，既有一般的做法，又有特殊的做法，以适应不同情况与不同要求。

在书中占很大篇幅的是各作的制度，如同"法规"。这是工程质量方面"关防"的重要内容，是研究古建筑的重要部分，它完整地总结了建筑工匠熟练运用的模数制，规定"凡构屋之制，皆以材为祖"。这就是说，设计建造房子，以这幢建筑中所用的斗栱的"材"为依据。"材"就是栱的断面，高 15 分，宽 10 分。一般工匠只要依据所定的口诀记住各种构件的"分"数，就能施工建屋，免去大量的数字换算，能减少差错，提高工效。

（4）"功限"、"材料"13 卷。为了达到对建筑经济"关防"的目的，对 13 种工种的劳动定额和用料定额都定得非常细致。

（5）各种工程图样 6 卷。工程图样包括平面、剖面、立面及大样等。这也反映出当时的技术、工艺水平之高，更反映出宋代的理性精神之发展。

（四）《园冶》

《园冶》是我国最早、最系统的造园著作。作者计成，江苏吴江人，生于明万历七年（1579 年），为明末著名造园家。根据其丰富的实践经验，整理了修建吴氏园和汪氏园的部分图纸，于崇祯七年（1634 年）写成，这也是世界造园学上最早的名著。

《园冶》共三卷，其中包括"兴造论"与"园说"两部分，前者为总论，后者论述造园及相关步骤。"园说"之后，又分相地、立基、屋宇、装折、门窗、墙垣、铺地、掇山、选石、借景等 10 个部分。

卷一包括兴造论、园说以及相地、立基、屋宇、装折等部分，可以看作本书的总纲；卷二描述装折的重要部分——栏杆；卷三由门窗、墙垣、铺地、掇山、选石、借景六篇组成；最后的借景篇为全书的总结。作者认为借景乃"林园之最要者也。如远借，邻借，仰借，俯借，应时而借。然物情所逗，目寄心期，似意在笔先，庶几描写之尽哉。"这段话可以看作这本书的点睛之笔。

《园冶》一书的精髓，可归纳为"虽由人作，宛自天开"，"巧于因借，精在体宜"两句话。它是一部在世界园林史上有重要影响的著作。计成在书中除了阐述对园林艺术精辟独到的见解外，并附有园林建筑插图 235 幅。在行文上，《园冶》采用以"骈四骊六"为其特征的骈体文，语言精当华美，在文学史上享有一定的地位。

（五）《鲁班经》与《鲁班经匠家境》

明《鲁班经》是一部流传至今的南方民间建筑匠书，全书共四卷，其中文三卷，内容主要为：一是木匠作业的规矩、制度以及仪式；二是民间屋舍的施工步骤、方位选择、时间选择的方法；三是鲁班真尺的用法；四是民间日常生活用具包括家具和农具的做法；五是当时流行的常用房屋构架形式和建筑构成；六是施工过程中必须注意的事项，如祭祀鲁班先师的祈祷词，各工序的吉日良辰、门的尺度、各构件和家具的尺度、风水、魔镇禳解的符咒与镇物等。其中以第五项的内容对民间建筑的实际意义最大，而在书中把房屋与室内家具和摆设的尺度、做法结合为一体的思想颇足，可供今人深思。

今天能见到《鲁班经匠家境》的最早版本是明万历年间的刻本，国家文物局收藏，全书三卷及附录。

卷一内容为民间建筑营建时如何选择吉日、祭祀、尺法、各类建筑的大木及装修技术口诀汇编，共有 36 个条目。

卷二有条目 63 个，插图 30 幅，版面排列基本是前文后图。条目按性质可分为建筑、畜栏及日用家具、生活器物等两个部分。

卷三内容为起造房屋吉凶图例或称相宅秘诀，有图例 72 个，用上图下诗文的形式表达。内容有兴建的大门、院落、建筑与周围的建筑、道路、山石、流水等环境相配的吉凶问题。

附录有 6 项内容：

（1）唐李淳风"代人择日"故事。

（2）禳解类：在建造完工后如认为有某些不吉，则设置如"瓦将军"、"泰山石敢当"等镇邪物禳解，共 12 项。

（3）"鲁班秘书"有 27 项内容，说明工匠在施工中将某种书画、器物暗藏在建筑中某处，则认为对主人就会带来长寿、财运、登科等吉祥，或凶死、官司、败家等凶祸，其中 9 项是对主人有利，18 项是对主人不利，给主人心理上造成很大的压力。

（4）"鲁班秘符"、"灵驱解法洞明真言秘书"等是为房主解救帮忙，用这些迷信的符咒魇镇禳解。

（5）《新刻法师选择记》是指导人们如何选择趋吉避凶的吉日。

（6）置产室起工动土、造地基，散页 2 页，内容是与营造房舍如何选择吉日有关。

（六）《天工开物》

《天工开物》是世界上第一部关于农业和手工业生产的综合性著作，是我国古代一部综合性的科学技术著作，有人也称它是一部百科全书式的著作，作者是明朝科学家宋应星，刊印于明朝崇祯十年（1637 年）。外国学者称它为"中国 17 世纪的工艺百科全书"。作者在书中强调人类要与自然相协调、人力要与自然力相配合。

《天工开物》全书详细叙述了各种农作物和手工业原料的种类、产地、生产技术和工艺装备，以及一些生产组织经验，既有大量确切的数据，又绘制了 123 幅插图。全书分上、中、下三卷，又细分作十八卷。上卷记载了谷物豆麻的栽培和加工方法，蚕丝棉苎的纺织和染色技术，以及制盐、制糖工艺；中卷内容包括砖瓦、陶瓷的制作，车船的建造，金属的铸锻，煤炭、石灰、硫黄、白矾的开采和烧制，以及榨油、造纸方法等；下卷记述金属矿物的开采和冶炼，兵器的制造，颜料、酒曲的生产，以及珠玉的采集加工等。

《天工开物》成书于 400 年前，是系统介绍古代中国农业、工业、手工业的一部集大成之作。此书一改古人旁征博引，视生产研究为风雅余事的习惯，首次以系统的、统计的方式记录了迄明代为止的古代中国重要的农业和手工业生产。

（七）清工部《工程做法则例》

清工部《工程做法则例》是清代官式建筑通行的一部标准设计规范，成书于雍正十二年（1734 年），是继宋代《营造法式》之后官方颁布的又一部较为系统全面的建筑工程专著。

全书共七十四卷，内容大体分为各种房屋营造范例和应用工料估算限额两大部分，对土木瓦石、搭材起重、油画裱糊、铜铁件安装等 17 个专业、20 多个工种部分门别类，各有各款详细的规程，大木作各卷并附有屋架横断面示意简图。

前二十七卷为 27 种不同的建筑物：大殿、厅堂、箭楼、角楼、仓库、凉亭等每件的结构，依构材的实在尺寸叙述。自卷二十八至卷四十为斗栱的做法、安装法及尺寸，其尺寸自斗口一寸起，每等加五分，至斗口六寸止，共计十一等。自卷四十一至四十七为门窗隔扇，石作、瓦作、土作等做法。以下二十七卷则为各作工料的估计。

该书既是工匠营造房屋的准则，又是验收工程、核定经费的明文依据。其应用范围包括营建宫殿、坛庙、城垣、王府、寺观、仓库的建筑结构及彩画裱糊装修等工程。对于民间修造，多与《清会典·工部门·营造房屋规则》所载禁限条例相辅为用，起着建筑法规监督限制作用。

（八）《营造法原》

《营造法原》是一部现存的唯一记述江南传统建筑做法的专著，是由苏州营造世家姚承祖晚年根据家藏秘笈和图册，为在前苏州工专建筑工程系讲授"中国建筑史"时所编的讲稿，再经由张志刚增编，刘敦桢校阅成书。

《营造法原》全书共分 16 章，分别为江南传统建筑的地面、平房楼房大木、提栈、牌科、厅堂、厅堂升楼木架配料、殿庭、装折、石作、墙垣、屋面瓦作及筑脊、砖瓦灰砂纸筋应用、细清水砖作、工限、园林建筑及杂俎，并在书后附有表现建筑形象及构造的照片、插图和图版等多幅，对了解江南建筑的形制构造及演变，很有参考价值。

这部被誉为中国南方传统建筑宝典的建筑文献，为深入研究江南传统建筑做法提供了宝贵的资料，具有很高的学术参考价值，已成为众多江南古建筑维修、保护及仿古工程的指导参考书。

园林古建筑施工项目管理概论

第一节　工程项目管理的产生与发展

　　自人类开始组织生产活动，就一直进行着各种规模的"项目"，产生潜意识的项目管理的思想。项目管理通常被认为是第二次世界大战的产物。第二次世界大战前夕，横道图已成为计划和控制军事工程与建设项目的重要工具。横道图又名条线图，由亨利·L. 甘特（Henry L. Gantt）于 1900 年前后发明，故又称为甘特（Gantt）图。甘特图直观而有效，便于监督和控制项目的实施状况，现在仍是建设项目管理的常用方法。进入 20 世纪 50 年代，项目管理的重点特征是开发和执行应用网络计划技术，始创于 1956 年的关键路径法（CPM—Critical Path Method）简称 CPM 法，于 1957 年在美国木土邦公司的项目中得到了实践，这是一种运用网络图解来制定计划的方法，该方法由凯利（Kelly）和沃克（Walker）于 1959 年公诸于世，1958 年出现的计划评审技术（PERT—Program Evaluation and Review Techniques）是美国海军在研究开发北极星（Polaris）号运程导弹 F·B·M 的项目中开发出来的；该方法以数理统计为基础、以网络分析为内容、以电子计算机为手段，考虑了作业时间的安全因素、时间进程的计划评价、计划实施的未来条件和计划实现的可靠程度，这一技术是维拉·费查（Willard Fanar）在洛克希德公司导弹和空间部（Lockneed Missile and Space Division）的协助以及布兹（Booze）、艾伦（Allen）和哈密尔顿（Hamilton）的咨询帮助下研发出来的。

项目管理是一门综合性学科，应用性强，有较大的发展空间。在工程建设项目的实现中，也综合应用了项目管理的理论和方法。20 世纪 70 年代美国出现了 CM（Construction Management），在国际上得到了广泛的运用。20 世纪 80 年代中期在土耳其产生的 BOT（Build Operate Transfer）投资方式，是新的一种项目管理方式，即"建设—经营—转让"的投资模式。总之，项目管理科学的发展是人类生产实践活动发展的必然产物，从最原始的活动来看，人类本能及潜意识行为是完成所给定的项目活动，也就是以完成任务为其最终目标。然而为了完成任务，人们的活动常常受到一定的限制，即对项目的实现需要的时间、费用与可交付物之间进行综合平衡。当代项目管理更加倾向市场和竞争，注重人的因素、注重反馈、注重柔性管理，是一套具有完整理论和方法基础的学科体系，它构筑了自身的完整体系。项目管理学将随着社会的进步而发展，随着科学技术和经济的发展而发展。

第二节　国际项目组织概述

一、国际性的项目管理学会和协会

国际项目管理协会（International Project Management Association，

简称 IPMA）是注册在瑞士的非营利性组织，始创于 1965 年，有英国、法国、德国、中国和澳大利亚等 30 多个成员国。IPMA 以英语作为工作语言，提供有关需求的国际层次的服务。《国际项目管理杂志》是 IPMA 的正式会刊，每年面向其个人会员发行 6 期，IPMA 的网址是 http：//www. ipma. ch。

美国项目管理学会（Project Management Institute，简称 PMI）始创于 1969 年，现有 245 个分支和 7 万多名会员，包括国外分会和企业、高校、研究机构的团体和个人会员。PMI 在推进项目管理知识和实践的普及中扮演了重要角色。

二、项目管理资质认证标准

IPMP 是 IPMA 在全球推广的四级证书体系的总称，其 A 级（Level A）证书是高级项目经理，B 级（Level B）证书是认证的项目经理，C 级（Level C）证书是认证的项目管理专家，D 级（Level D）证书是认证的项目管理专业人员，是一套综合性资质认证体系，其认证标准是 ICB（Competence Baseline）。ICB 强调的是：认知能力＝知识＋经验＋个人素质，标准包括：知识和经验的 42 个元素（28 个核心元素和 14 个辅助元素），个人素质的 8 个元素和总体印象的 10 个元素。

IPMA 已授权中国项目管理研究委员会（Project Management Research Committee，China，简称 PMRC）在中国开展 IPMP 的认证工作。PMRC 从 2001 年 7 月开始，根据 IPMA 支持、认可的本土的项目管理知识体系（C-PMBOK）和资格认证标准（C-NEB），在中国推行国际项目管理专业资质认证工作。该组织挂靠在西北工业大学。

第三节　项目管理的概论

一、项目

项目是指在一定约束条件下的具有特定目标的一项一次性任务。如新建一个公园为园林工程项目，研究一个园林古建保护的课题为科研项目，具有单价性、一次性、一定的约束条件和生命周期的特征。

二、项目管理

项目管理是指项目管理者按照其责任规律的要求，在有限的资源条件下，运用系统工程的观点、理论和方法，对项目所涉及的工作内容进行全面管理。其职能有计划、组织、控制之分，具有自己特定的管理体系和管理步骤，以项目管理为中心，应用现代化管理方法和技术手段，采用动态控制手段的特点。

三、园林古建筑施工项目管理

（一）园林古建筑施工项目

园林古建筑施工项目是园林古建筑企业对一个风景区、仿古建筑、文物建筑保护产品的施工过程。因此，它具有一个建设项目的单位工程，它是以园林古建筑施工企业为管理主体，它的任务范围是以工程承包合同为依据，它的产生具有技术性、艺术性、区域性、生产周期长的特点。

（二）园林古建筑施工项目管理

园林古建筑施工项目管理是企业对具体的项目施工进行计划、组织、控制和协调的过程，具体施工者是具有相应资质的园林古建筑企业，管理对象是园林、古建、文保的施工项目，管理的内容是在一个长时间进行的有序过程之中、按阶段变化的复杂工作，要求强化计划、组织和控制工作的特点。

四、我国传统项目管理的历史背景

我国进行工程营造的实践活动的历史可以追溯到两千多年前，历代的哲匠和手工艺人在数千年兴造实践中积累了极为丰富的经验。我国古代有许多伟大工程，如赵州桥、都江堰水利工程、宋代的丁渭修复皇宫工程、北京故宫工程等都是名垂史册的工程项目管理活动的典范。在实践的基础上，也总结了不少精辟的理论。如《考工记》、宋《营造法式》、明《鲁班经》、明文震亨《长物志》、明计成《园冶》、清《工程则例》、清李斗《扬州画舫录》、姚承祖《营造法原》等名著，反映了我国古代建设工程营造管理的水平和成就，这些都是值得我们反复学习、推敲、研究和借鉴的。

新中国成立后，在计划经济体制思想的指导下，风景园林行业不被认为是一个独立的生产部门，而是基本建设的构成部分，因而不是商品。当时，园林企业具有两重的依附性，一是依附于行政管理部门，二是依附于基本建设部门。这是因为国家是按计划将资金、物资等分配给建设单位的，园林施工企业的工程任务和生产要素都是由行政管理部门和基建单位分配，没有外部市场，没有竞争机制，不能按照商业原则进行交易活动，也没有独立的经济主体地位，岗位责任不明，考核评价无据，平均主义严重，因而效率低下。

改革开放以来，我国计划经济开始向市场经济转轨，对基本建设管理体制、施工企业管理等进行了较大改革。首先，从德国和日本引进了组织工程项目建设的管理理论。其后，由于世界银行等金融组织贷款和外商投资建设工程项目的大量增加及国际间文化交流，工程项目管理理论和实践经验在我国得到进一步推广应用。例如国际金融贷款建设的项目，按贷款规定，必须按国际惯例实行项目管理，鲁布革水电站引水系统工程是我国第一个利用世界银行贷款并按世界银行规定进行国际竞争性招标和项目管理的工程。该工程于 1982 年进行国际招标，1984 年 11 月正式开工，1988 年 7 月竣工，在四年多的实践中，总结了著名的"鲁布谷工程项目管理经验"。以此为契机，1987 年提出在全国推行项目法施工，并开展以施工项目管理为核心的企业经营体制试点。建设部于 1992 年印发了"施工企业项目经理资质管理试行办法"，独立对施工企业的项目经理进行培训，实行持证上岗制度。通过广大建设战线上的同仁的共同努力，积累了丰富的实践经验，初步形成了一套具有中国特色并与国际接轨、适应市场经济要求、操作性强、比较系统的施工项目管理理论和方法。

2002 年，我国首部《建设工程项目管理规范》（GB/T 50326—2001）由建设部和国家质量监督检验检疫总局以［2002］12 号文分发，它对于深化和推进我国传统的施工组织方式的运用及创新产生重要和深远的影响。

五、施工项目的组织形式

我国实行计划经济 30 年，工程管理的做法与进行建设项目管理的国际惯例完全不一。改革开放后，国内企业既要出国进行工程承包和综合输出，又要与外国的投资商和承包商协作，因此必须实施项目管理。通过一段时间的实践，进一步深化和规范建设管理的行为，结合本国的实际情况，规范建筑行业的管理制度，主要是企业的资质管理、执业资格管理以及项目管理。

（一）企业的资质管理

随着政府职能转变的不断推动，我国已经对建设工程建立了以资质管理为手段的三个层次的企业资质管理体系。逐步建立以智力密集型的施工总承包企业为龙头的第一层次，以专业承包企业为骨干的第二层次，以劳务作业企业为依托的第三层次，多种经济成分并举，总包与分包、前方与后方、分工协作、互为补充，同时为了规范园林古建筑保护和发展的行为，建设部还专门设立了城市绿化专业资质、园林古建筑专业资质，国家文物局文物建筑保护资质，其所有层次的资质分为一级、二级、三级，形成中国特色的企业组织结构。

（二）建造师执业资格的管理

20 世纪 80 年代中期，我国开始在施工企业中推进项目法施工，逐渐形成了以项目经理负责制为基础，工程项目管理为核心的施工管理体制。1992 年 7 月建设部发布了《施工企业项目经理资质管理试行办法》开始对施工企业项目经理实行资格审批管理制度。项目经理等级分为一、二、三级。根据《国务院关于取消第二批行政审批项目和改变一批行政审批项目管理方式的决定》中"取消建筑施工企业项目管理资质核准，由注册建造师代替并设立过渡期"（国发［2003］5 号的规定），将建筑企业项目管理的行政审批制度改为建造师执业资格认证制度，填补了建设工程施工阶段的专业技术人员、执业资格的注册制度的空白。建造师执业资格制度的建立是完善建设工程领域执业资格体系的重要内容，建造师分为一级建造师和二级建造师，共有 10 个专业，即房屋建筑工程、公路工程、铁路工程、民航机场工程、港口与航道工程、水利水电工程、市政公用工程、通信与广电工程、矿业工程、机电工程。根据建造师考试大纲内容分析，园林古建筑工程归属房屋建筑工程专业，园林绿化工程归属市政公用工程专业，对于施工企业的项目经理必须根据工程规模，由取得相应等级的建造师执业资格人员担任，文保工程的项目经理还必须持有文物保护工程的项目培训证。

注册建造师的执业范围：注册建造师有权以建造师的名义担任工程项目施工的项目经理；从事其他施工活动管理，从事法律法规或国务院主管部门规定的其他业务。建造师执业资格制度建立以后，承担建设工程项目施工的项目经理仍是施工企业所承包某一具体工程的主要负责人，他的职责是根据企业法定代表人的授权，对工程项目自开工准备至竣工验收实施的全方面组织管理。而大中型工程项目的项目经理必须由取得建造师执业资格的建造师担任，即建造师在所承担的具体工程项目中行使项目经理职权。注册建造师资格是担任大中型工程项目的项目经理的必要条件。建造师需按人发［2002］111号文件的规定，经统一考试和注册后才能从事担任项目经理等相关活动，这是国家的强制性规定，而项目经理的聘任制是企业行为。

目前，由住房和城乡建设部标准定额研究所组织编写的《建设工程项目经理执业导则》（RISN—TG 012—2011）正式颁布，这是涵盖项目经理岗位工作职责、任职资格、岗位职业素质能力要求、职业道德等内容的行为指导文件。

六、施工项目管理的基本制度

施工项目管理的目的是高效实现项目目标，以项目经理负责制为基础，根据施工项目的内在规律，实施项目计划、组织、协调与管理。《建设工程项目管理规范》（GB/T 50326—2006）规定："项目经理责任制应作为项目管理的基本制度"、"项目经理责任制的核心是项目经理承担实现项目管理目标责任书确定的责任"。笔者认为："园林古建筑施工的项目管理应当建立以项目经理负责制和项目目标责任制为基础，使企业的项目管理制度作为园林古建筑企业管理的基本制度"。

（一）项目经理负责制

项目经理就是项目负责人，是项目的最高负责者和组织者，是企业法人授以承建和管理权以后，便在企业内部组成项目团队，即项目经理部，以契约的形式委托项目经理全权负责和管理，明确其职权、利益关系，签订项目经理岗位责任书，成功的项目反映了项目经理管理者的管理才能。因此，项目经理是项目管理班子的"灵魂"，必须是懂经营、善管理、懂技术、懂法规的综合素质较高的复合型人才。

（二）项目管理目标责任制

项目管理目标责任制是由企业根据施工合同和目标要求明确规定项目经理部应达到的成本、质量、进度和安全等目标，为企业考核项目经理和项目部成员业绩的依据，是项目经理的工作目标，同时也是明确企业管理层与项目经理部之间工作关系，约束其各项工作行为的强制性规定。其具体规范是：企业与项目经理及项目经理部签订的"项目管理目标责任书"。责任书内容要具体，责任明确，各项目计划制度详细、全面，尽量用量化的概念表述，做到所指明确，可操作性强，目标合理，应体现民主与过程立法的原则。

七、园林古建筑项目组织建立步骤及形式

（一）组织机构设置步骤

（1）园林古建筑项目管理是指企业运用项目管理的理论、观点和方法对工程项目进行的计划、组织、控制、指挥、协调等全过程管理，它与建筑工程管理的要求、范围和管理主体的不同点见表3-3-1。

表 3-3-1　园林古建筑项目管理与建筑工程项目管理的区别

区别特征	园林古建筑项目管理	建筑工程项目管理
管理任务	按照设计意图，结合场地实践和自身经验，生产出技艺合一的产品，取得利润	按照设计图纸生产出建筑产品，取得利润
管理内容	项目策划（设计、测绘阶段）、招投标、养护一系列生产组织、管理及保修	设计从投标开始到交工为止的全部生产组织和管理及保修
管理范围	由工程承包合同规定的范围到深化设计的活动	由工程承包合同规定的承包范围，是建设项目、单位工程或单项工程
管理组织	项目主持为复合型的一岗多职	"十一"大员全部持证上岗

（2）通过上述的比较，项目在建立组织班子时应坚持"人手多证、一人多能、一职多岗"的复合型组织机制，但都应遵循以下步骤：

① 根据项目性质、所在地，对工作的内容进行分析。

② 根据工作内容，结合规模、性质、工期、技术难度来决定需要项目人员的数量与素质。

③ 绘制组织网络图，应本着"精干高效"的原则，合理确定项目管理层次，配备必要的机构和岗位。

④ 确定岗位职责标准、工作流程、岗位人员职责中均要规定负责人的工作职责和考核标准。

（3）其组织机构设置程序如图 3-3-1 所示。

（二）项目组织的形式

1. 直线式组织

直线式组织是小型园林古建企业可以选用的组织形式，公司法人即为项目经理，进行垂直领导，人员相对稳定，操作工人、材料采购统一由公司调配。如图 3-3-2 所示。

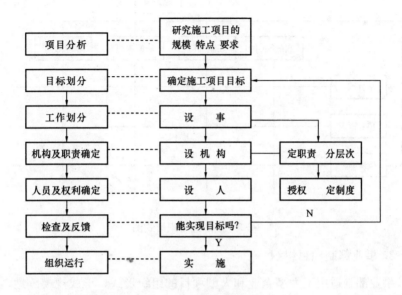

图 3-3-1　组织机构设置程序图

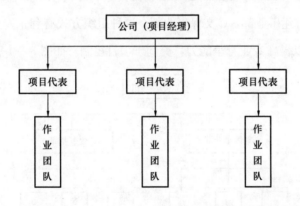

图 3-3-2　直线式组织图

2. 矩阵式组织

矩阵式组织是将公司职能部门与项目经理部按矩阵方式组成的机构组织，项目的所有成员都受项目经理和职能部门的双重约束。项目经理、部门经理对项目成员都有权控制和使用，由项目经理向职能部门选用人员，适用于中型园林企业及多个异地进行的项目。如图 3-3-3 所示。

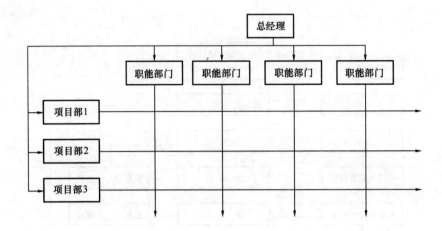

图 3-3-3　矩阵式组织形式图

3. 事业部制项目组织

事业部制适用于大型企业和大型项目的组织形式，形成规模阵地，减少管理的跨度，区域事业部制也可按项目类型和经营范围设置，如 A 绿化事业部，B 古建事业部，C 文保事业部，这种组织方式有利于专业化，扩大业务范围，以提高专业竞争能力，更利于项目控制。如图 3-3-4 所示。

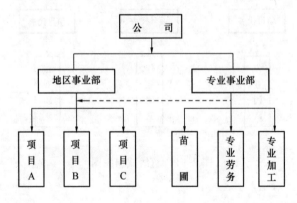

图 3-3-4　事业部制组织形式图

项目经理部的人员配置应满足施工项目管理的需要，职能部门的设置应满足质量、进度、安全、成本的控制以及材料、技术、现场管理等要求，保证项目的顺利进行。

八、园林古建筑项目管理应遵循的法律、法规和强制性标准

园林古建筑建设施工项目管理，应遵循国家法律、行政法规、部门规章、地方性建设法规、地方建设规章及有关强制性标准的规定。

（一）施工项目管理有关的法律

与建设工程项目有关的法律指全国人民代表大会及其常委会审议、由国家主席签署发布的有关建设工程的各项法律，主要有《中华人民共和国文物保护法》、《中华人民共和国森林法》、《中华人民共和国城市规划法》、《中华人民共和国城市房地产法》、《中华人民共和国环境保护法》、《中华人民共和国土地管理法》、《中华人民共和国合同法》、《中华人民共和国建筑法》、《中华人民共和国招标投标法》、《中华人民共和国价格法》、《中华人民共和国安全生产法》、《中华人民共和国消防法》等其他的法律。

（二）施工项目管理有关的行政法规

与建设工程项目管理有关的行政法规指由国务院依法制定并由国务院总理签署发布的有关建设工程的各项法规，主要有《建设工程质量管理条例》、《建设工程安全生产管理条例》、《建设工程勘察设计管理条例》、《建设工程安全生产管理条例》、《城市房地产开发经营管理条例》、《国务院特别重大事故调查程序暂行规定》、《城市绿化条例》、《文物法实施细则》等。

（三）建设部门规章

国务院部门规章是建设法律体系的第三个层次，指部门根据国务院规定的职责范围，依法制定并由国务院部委办签发的规章。与建设工程项目管理有关的建设部门规章数量比较多，例如《文物保护工程管理办法》、《建设工程施工现场管理规定》（建设部令第 15 号）、《建筑安全生产监督

管理规定》（建设部令第 13 号）、《建筑工程施工许可管理办法》（建设部令第 71 号）、《房屋建筑工程质量保修办法》（建设部令第 80 号）、《实施工程建设强制性标准监督规定》（建设部令第 81 号）、《建设工程监理范围和规模标准规定》（建设部令第 86 号）、《建筑业企业资质管理规定》（建设部令第 159 号）、《工程监理企业资质管理规定》（建设部令第 158 号）、《建筑工程施工发包与承包计价管理办法》（建设部令第 107 号）、《城市古树名木保护管理办法》等。

（四）地方性建设法规

地方性建设法规是指项目和企业所在地省、自治区、直辖市及其常务委员会制定并发布的建设方面的法规。

（五）地方建设规章

地方建设规章是指项目和企业所在省、自治区、直辖市以及省会城市和经国务院批准的较大城市的人民政府制定并颁布的建设方面的规章。

（六）工程建设强制性标准

工程建设强制性标准是指直接涉及工程质量、安全、卫生及环境保护等方面的工程建设标准强制性条文。2000 年 8 月 25 日，建设部令第 81 号发布《实施工程建设强制性标准监督规定》，提出了 24 条规定，强调了"在中华人民共和国境内从事新建、扩建、改建等工程建设活动必须执行工程建设强制性标准"，它作为《建设工程质量管理条例》的处罚规定。

九、园林古建筑工程的描述

（一）园林工程包括苗木生产、土方工程、排水工程、水景工程、园路工程、种植工程、供电、照明工程以及园林机械等项目。简单地概述为苗木生产、园建、绿化、水景、照明及养护等项目。

（二）古建筑工程主要包括基础与台基工程、木构架工程、墙体砌筑工程、屋顶瓦作工程、木装修工程、地面及甬路工程、油漆彩画工程、石券桥及其他石活工程。

（三）文物保护工程主要由园林古建筑测绘、拆除工程、基础与台基加固工程、落架大修、构架加固、装修、油体彩画、石活、地面及甬路修补工程以及绿化修剪、古建筑安全消防工程等。

十、项目管理的全过程

园林古建筑施工项目管理的对象，是施工项目从项目筹划至保修期满各阶段的工作。施工项目寿命周期可分为五个阶段，构成了园林古建筑项目管理有序的过程。

（一）商务营销阶段

发包方对建设项目通过立项、设计和建设准备，具备了招标条件以后，便发出招标公告或邀请招标，园林古建筑企业获取招标信息后，从做出投标决策至中标签约，实质上便是在进行施工项目的工作。这是施工项目寿命周期的第一阶段，可称为立项阶段。本阶段的最终管理目标是签订工程承包合同。这一阶段主要进行以下工作：

（1）前期的设计（测绘）阶段的介入。

（2）园林古建筑企业从经营状况做出是否投标争取承包该项目的决策。

（3）决定参加投标以后，从企业自身情况、竞争单位、业主情况、市场、现场等多方面搜集大量的信息。

（4）编制既能使企业盈利，又有竞争力可望中标的投标书。

（5）如果中标，则与招标方进行谈判，依法签订工程承包合同，使合同符合国家法律、法规和国家计划，符合平等互利、等价有偿的原则。

（二）施工准备阶段

园林古建筑企业与招标单位签订工程承包合同后，便应组建项目经理部，然后以项目经理部为主，企业经营层和项目层、业主单位进行配合，进行施工准备，使工程具备开工和连续施工的基本条件。这一阶段主要进行以下工作：

（1）成立项目经理部，根据工程管理的需要建立机构，配备管理人员。

（2）编制指导性施工组织设计，主要是施工方案、施工进度计划和施工平面图，用以指导施工准备和施工。

（3）制订施工项目管理实施规划，以指导施工项目管理活动。

（4）按照标准化要求，进行施工现场准备，使现场具备施工条件，利于进行文明施工，以便相关部门的报批。

（5）填写开工申请，待项目程序合法后施工。

（三）施工阶段

这是一个自开工至竣工的实施过程。在这一过程中，项目经理部既是决策机构，又是责任机构。企业经营管理层、业主单位、监理单位的作用是支持、监督与协调项目过程中的所有事务。这一阶段的目标是完成合同规定的全部施工任务以及补充调整的项目，达到竣工验收、交付使用的条件。这一阶段主要进行以下工作：

（1）按施工组织设计的安排进行施工，适时调整各项计划。

（2）在施工过程中力求做好各项工作的动态控制工作，保证质量目标、进度目标、成本目标、安全目标的实现。

（3）加强施工现场管理，实行文明施工。

（4）严格履行工程承包合同，处理好各方关系，做好合同、索赔管理以及资料收集工作。

（5）做好各项记录、协调、检查、分析工作。

（四）验收、交工与结算阶段

这一阶段一般简称为"结束阶段"，与工程项目的竣工验收阶段协调同步进行。其目标是对项目成果进行总结、评价，对外结清债权债务，结束交易关系。本阶段主要进行以下工作：

（1）工程收尾、初验。

（2）进行各项调试和运转。

（3）在预验的基础上整改不合格项，按程序接受正式验收。

（4）办理交付手续，整理、移交竣工文件，办理工程决算及保修服务手续，进行财务结算，总结工程管理工作，编制竣工总结报告。

（5）项目经理部解体。

（6）养护保修职责明确。

（7）办理再移交手续（相关期满）。

（五）用后服务阶段

这是施工项目管理的最后阶段，即在交工验收后，按合同规定的责任期进行用后服务、回访与保修，其目的是保证使用单位正常使用，发挥效益。在该阶段主要进行以下工作：

（1）为保证工程正常使用而做必要的技术咨询和服务。

（2）进行工程回访，听取使用单位意见，总结经验教训，观察使用中的问题，进行必要的维护、维修和保修。

（3）养护阶段。一般由企业职能部门或者事业部负责。

十一、项目管理的目标和任务

（一）承包方作为项目建设的一个参与方，其项目管理主要服务于项目的整体利益和施工方本身的利益。其项目管理的目标包括施工的成本目标、施工的进度目标和施工的质量目标。

（二）承包方的项目管理工作主要在施工阶段进行，但它也涉及设计准备阶段、设计阶段、动工前准备阶段和保修期。在工程实践中，设计阶段和施工阶段往往是交叉的，因此施工方的项目管理工作也涉及设计阶段。

（三）承包方项目管理的任务包括：施工安全管理，施工成本控制，施工进度控制，施工质量控制，施工合同管理，施工信息管理，与施工有关的组织与协调。

第四章

园林古建筑工程项目管理组织

第一节　项目经理

　　项目经理是指受企业法定代表人委托和授权，在建设工程项目施工中担任项目经理岗位职务，依靠企业技术和管理的综合实力，直接负责工程项目施工的组织实施者，是施工系统对一个工程项目施工的总负责人，是所负责的项目的最高负责者和组织者。项目经理的职责和职位的简要描述，就是对工程施工全过程进行计划、组织、指挥、协调和监督等管理活动。工程目标由施工质量（Quality）、成本（Cost）、工期（Delivery）、安全和现场标准化（Safety），简称 QCDS 目标体系。

一、项目经理的作用

　　在施工过程中，对于施工企业项目经理来说，压倒一切的是对工程质量、施工安全、工程进度及其相关成本的控制，这也是园林行业的重要组成部分。施工项目的管理可以分成四个主要组成部分。

1. 施工技术管理

材料、构件、运用适当工艺流程以及最佳施工技术的选择和施工。评比质量合格，安全无事故。

2. 施工过程管理

确定施工过程实施的最佳途径，包括适当的进度计划以及对现场人工、材料和设备的协调和控制。

3. 人力资源管理

因为较高的劳动生产率和和睦的工作环境是项目成功的必要条件，尤其是在当今缺乏熟练工人和富有经验的经理的时代，人力资源控制变得比以前任何时候都重要。

4. 财务管理

施工是一个高风险、低利润的行业。对成本、现金流以及项目融资的控制是所有商业活动成功的关键。

所有这些主要的管理职能，从某种程度上来讲，都落到了项目部最突出的成员——项目经理身上。项目经理必须牢记成功项目的七个标准：① 项目按时竣工；② 最终成本在预算之内；③ 达到预期的质量水平；④ 完工时，没有悬而未决的索赔或争端；⑤ 与各方建筑师与工程师保持了良好的工作关系；⑥ 与所有的分包商及供应商保持了良好的工作关系；⑦ 与业主关系良好。

项目经理在施工过程中的作用因公司而异，主要根据公司的具体规模、工程复杂程度以及可获得的辅助人员。一些公司将询价和采购责任连同管理责任都分配给项目经理承担；一些公司则将这些责任分配给具体的部门和人员。然而，项目经理的一个永久不变的责任是有效地配合、指导和控制整个施工过程。

二、施工企业项目经理应具备的基本条件

项目经理在取得相应专业、相应等级的建造师执业资格的同时，应当在政治素质、领导素质、知识和能力素质、实践经验和身体素质等五个方面具备相应的基本条件。美国项目管理专家约翰·宾认为项目经理应具备的条件是：① 有本专业的技术知识；② 工作有干劲、主动承担责任；③ 具有成熟而客观的判断能力；④ 具有管理能力；⑤ 诚信可靠，言行一致；⑥ 机警、精力充沛、能吃苦耐劳，随时处理可能发生的事情。

除上述外，作为建筑施工企业的一个施工项目的项目经理，除了能承担基本职责外，还应具备一系列技能，应当懂得如何激励员工的士气，如何取得客户的信任，还应具有坚强的领导能力、培养员工的能力、良好的沟通能力和人际交往能力以及处理和解决问题的能力。在搞好管理的同时，应加强施工管理人员的技术培训和专业水平的提高，培养施工人员的敬业精神与细致的工作作风，才能在施工中不留后患。

还有，项目经理"德才"兼备才能管好项目。项目经理要有忠诚、诚信、律己、无私四点"德"，以及沟通能力、超前的谋划能力、抓主要矛盾的能力、学习能力等。

三、项目经理责任制

项目经理责任制是以项目经理为责任主体的施工管理目标责任制度，是项目管理目标实现的具体保障和基本条件，用以确定项目经理部与企业、职工三者之间的责、权、利关系。它是以施工项目为对象，以项目经理全面负责为前提，以"项目经理目标责任书"和企业的项目管理制度为依据，以创优质工程为目标，以求得项目产品的最佳经济效益为目的，实现从施工项目开工到竣工验收的一次性全过程的管理。

四、施工企业项目经理的任务

（一）项目经理在承担工程项目施工管理过程中，履行下列职责：

"贯彻执行国家和工程所在地政府的有关法律、法规和政策，执行企业的各项管理制度；严格财务制度，加强财经管理，正确处理国家、企业、个人的利益关系；对工程项目施工进行有效控制，执行有关技术规范和标准，积极推广应用新技术，确保工程质量和工期，实现安全、文明生产，努力提高经济效益"（引自建设部《建筑施工企业项目经理资质管理办法》，建建［1995］1号）。

（二）"项目经理在承担工程项目施工的管理过程中，应当按照建筑施工企业与建设单位签订的工程承包合同，与本企业法定代表人签订项目承包合同，并在项目法定代表人授权范围内，行使以下管理权力：组织项目管理班子；以企业法定代表人的代表身份处理与所承担的工程项目有关的外部关系，受托签署有关合同；指挥工程项目建设的生产经营活动，调配并管理进入工程项目的人力、资金、物资、机械设备等生产要素；选择施工作业队伍；进行合理的经济分配；企业法定代表人授予的其他管理权力"（引自建设部《建筑施工企业项目经理资质管理办法》，建建［1995］1号）。

五、施工企业项目经理的责任

（一）"要加强对建筑业企业项目经理市场行为的监督管理，对发生重大工程质量安全事故或市场违法违规行为的项目经理，必须依法予以严肃处理"（引自建设部《关于建筑业企业项目经理资质管理制度向建造师执业资格制度过渡有关问题的通知》，建市［2003］86号）。

（二）"工程项目施工应建立以项目经理为首的生产经营管理系统，实行项目经理负责制，项目经理在工程项目施工中处于中心地位，对工程项目施工负有全面管理的责任。"（引自建设部《关于建筑业企业项目经理资质管理制度向建造师执业资格制度过渡有关问题的通知》，建市［2003］86号）。

六、施工企业项目经理的利益

项目经理应当获取以下利益和责任：获得基本工资、岗位工资和绩效工资；除按"项目管理目标责任书"可获得物质奖励外，还可获得表彰、记功，优秀项目经理等荣誉称号，经考核和审计，未完成"项目管理目标责任书"确定的项目管理责任目标或造成亏损的，应按其中的有关条款承担责任，并接受经济或行政处罚，直至追究其法律责任。

七、项目经理的选拔和培养

项目经理的选拔原则：考察个人的能力，考察本人的敏感性，把握他的领导才能，关注他的应付压力的能力等四个方面的原则。同时，项目经理应具有的技能：一般要求具备较深的技术功底、讲求实际、成熟的人格、和高级主管有良好关系、使项目成员保持振奋、在几个不同的部门工作过、临危不惧等。一般来说，其基层实际工作的经历不应少于5年。

项目经理的培养，主要在取得了实际经验和基本训练之后，对比较理想和有培养前途的对象，应在经验丰富的项目经理带领下，委托其以助理的身份协助项目经理工作，或者令其独立支持单项专业项目或小型项目的项目管理，并给予适时的指导和考察，这是锻炼项目经理才干的重要阶段。对在小型项目经理或助理岗位上表现出组织能力较强者，可以挑起中、大型项目经理的重担，并创造条件参加学习、交流、继续教育，使其在理论和管理技术上进一步开阔眼界。通过这种方式才能培养选拔优秀的项目经理人才。

第二节 项目经理部

项目经理部是由项目经理在企业高层的领导下及部门的配合下组建并领导项目管理的机构，是一次性配备的施工生产组织机构。在企业高层的统一领导下，由项目经理具体负责、接受企业职能部门的领导、监督、检查和考核。它是企业的项目责任部门，是代表企业履行工程承包合同的主体，对项目和业主全面、全过程负责。

一、施工企业项目经理部的设立

项目经理部的设立是根据企业自身的管理模式，结合工程规模及特征，一般分为小型项目部、中型项目部、大型项目部。设立步骤一般先任命项目经理，明确项目管理目标责任书，再定人定岗，划分负责人员的职责、权限，以及沟通途径和指定渠道。在组织分工确立后，根据"项目管理目标责任书"，在项目经理的领导下，结合项目的实际，制订项目管理运行制度。

二、施工企业项目经理部管理制度的建立

（一）项目部管理制度的内容

项目部管理制度的内容主要有：项目管理人员岗位责任制度；项目技术管理制度；项目质量管理制度；项目安全管理制度；项目计划、统计与进度管理制度；项目成本核算制度；项目材料、机械设备管理制度；项目现场管理制度；项目分配与奖励管理制度；项目例会与奖励制度；项目例会及施工日志制度；项目分包与劳务管理制度；项目组织协调制度；项目信息管理制度等。

项目经理部管理制度是园林古建筑企业或项目经理部针对项目实施所必需的工作规定和条例总称。其作用为保证任务的完成和目标的实现，是对例行性活动应遵循的方法、程序、要求及标准所做的规定，是根据国家和地方法规及上级部门的规定制定的内部法则。制定管理制度必须贯彻国家法律法规，必须实事求是，符合本项目的施工需求。管理制度相互之间不应产生矛盾，以免职工无所适从，必须要有针对性，词句表达要简洁、准确，必须严格按照程序发布、修改和废除。

（二）项目部管理制度的建立和执行

管理制度的建立应围绕计划、责任、监督、核算、奖惩等内容，项目经理部在执行企业管理制度的基础上，同时根据本项目管理的特殊需要建立自己的运营制度，主要是目标管理、核算、现场管理、作业层管理、信息管理、资料管理等方面的制度。一经制定，就应严格实施，项目经理和项目经理部成员应带头执行。在项目实施过程中应严格对照各项制度，检查执行情况，并对制度进行及时修改、补充和完善，以便于更好地规范项目实施行为。此外，当制度在执行中需要修订或改变做法时，应报送企业或者授权的职能部门批准。

三、施工企业项目经理部的人员配备

项目经理部的人员配备，一般情况下，企业注意对复合型人才的培养，如果按照建设工程的预算、施工、质检、安全、资料、机械、材料、档案等十一大员，相近专业进行合并，使之"人手多证，一人多能、一职多岗"的原则，全部岗位职责覆盖项目施工的全过程管理，不留死角，避免了职责重叠交叉，归类分工，保证经济、技术、物资储备、监控、测量计量等相关专业都有可用之才。园林古建筑工程相对规模小、施工周期长，一般根据工程规模管理人员控制在 5～10 人左右。

四、施工企业项目经理部的运行

施工企业项目经理部的运行是围绕项目部的工作内容和工程实施制定的，所有的工作应按制度运行，组织项目部成员学习项目的规章制度、检查执行情况和效果。应加强与职能部门及下层的沟通，按照岗位责任制，明确各成员的责、权、利，按照考核指标，进行检查、考核和奖罚的动态管理，项目成员的构成不一定一成不变，而应当根据项目的进展、变化以及管理需求的改变及时进行优化调整，从而使其更能适应项目管理新的需求，使得部门的调整与目标的实现相统一。项目部应对专业队伍和劳务分包人实行合同管理并加强控制和协调，还需协助管理层与发包人签订"工程质量保修书"、养护期满后的交接手续、"项目管理目标责任书"等文件。

五、施工企业项目经理部的解体

项目经理部作为一次性组织在工程项目完工后解体，必须通过验收，

与供应商、劳务等成本结算完毕，工程结算已上报，与企业职能部门及相关机构办妥各种交接手续，做到人走、场清、账清、物清。企业项目管理部门是施工项目部组建和解体后工作的主管部门，主要负责项目经理部解体后的工程项目养护和保修期内善后问题的处理，包括工程尾款的结算以及资金回收等工作。

六、施工企业项目经理部责任制考核

考核是施工项目经理责任制在生效期内的必要内容。考核的目的是对作用效果或经济责任制履行情况的总结，也可以说是对责任单位和个人岗位活动的合法性、真实性、有效性程度做出符合客观实际的评价。

（一）考核依据

考核依据主要是"项目经理目标责任书"和项目经理部在考核期内生产经营的实际效果。

（二）考核内容

项目经理部是企业内部相对独立的生产经营主体，其工作的目标就是通过项目管理活动，确保经济效益和社会效益的提高。因此，考核内容主要也是围绕"两个效益"全面考核，并与单位工程总额和个人收入挂钩。工期、质量、安全等指标实行单项考核，奖惩同工资总额挂钩浮动。

（三）考核办法

在组织机构上，企业成立专门的考核领导小组，由主管生产经营的领导挂帅，三总师（总工程师、总会计师、总经济师）及经营工程、安全、质量、财会、审计等有关部门负责人参加。常务工作由企业项目管理部门负责，考核小组对个别特殊问题进行研究确定，对整个考核结果集体审核并讨论通过，最后报请企业经理办公会决定，批准后兑现。

●●●●● 第五章

园林古建筑工程商务管理

第一节　施工招标、投标管理

一、概念及程序

招标、投标是市场经济的一种竞争形式，是国际上采购物资设备、设计咨询、承包工程等普遍采用的买卖双方成交的贸易行为。我国是20世纪80年代初开始推行项目管理，实施关键点就是推行工程项目施工招标投标制。经过近20年的发展，招投标制已成为建筑市场上施工任务的主要交易方式。它是指经审查获得投标资格的投标人（承包商）以同意招标人（发包方或业主）的招标文件所提出的合同条件为前提，经过认真地调查研究掌握一定的信息，结合自身的能力、经营状况等情况，以投标报价和应标承诺的竞争方式获得其项目施工的过程。2000年1月1日起试行，依照《中华人民共和国招标投标法》执行。

（一）招标

招标是指招标人（业主）对自愿（或被邀请）参加某一特定项目的投标人（承包方）进行审查、评比和选定的过程。工程招标方式主要有公开招标、邀请招标两种形式，还有邀请协商工程"议标"，工程项目建设单位为发包方，招标代理单位称招标人。

（二）投标

投标是响应招标，参加投标竞争的法人或者其他组织。工程项目投标已经通过资格预审的施工单位成为投标人。

（三）招标文件

在招标投标活动中，招标人必须编制招标文件，作为投标人应标的依据。主要内容为：招标邀请书、投标人须知、合同的通用条款、专用条款、业主对工程及服务的要求一览表格式、技术规范、图纸、投标书格式、资格审查需要的报表、工程清单、报价一览表、投标保证金格式及其他补充资料表、双方签署的协议书格式、履约保证金格式、预付款约定格式等。

（四）投标文件

工程项目投标文件是投标人单方面阐述自己相应投标文件要求，旨向招标人提出愿意订立合同的意思表示，是投标人确定和解释有关投标事项和各种书面表达的统称。

（五）标底

由招标单位委托给行业主管部门批准具有编制标底资格和能力的中介机构及相应的人员代理编制，且经所在地的工程造价方核准审定的造价。

（六）开标

开标是在招标管理机构监督下由招标单位主持，并邀请所有投标单位的法定代表人或者其代理人和评委会全体成员参加，一般在招标文件确定的提交投标文件截止时间的同一时间公开进行。

（七）废标

废标即是无效的投标文件。投标文件有下列情形之一的，开标时应当场直接宣布无效：未加密封或者迟到送达的、无投标单位及其法定代表人或者代理人印鉴（或签字）的、关键内容不全的、字迹辨认不清或明显不符合投标文件要求的。无效的投标文件，不得进入评标阶段。

（八）评标

招标单位（或招标代理单位）根据招标文件的要求，成立专门的评标委员会、制定评标办法，对合格的投标文件进行评选，通过综合分析和评比，确立选择中标候选人，这个过程叫评标。评标的方法主要有经评审的最低投标价法和综合评标法。

（九）授予合同

招标单位应当依据评标委员会的评标报告，并从其推荐中标候选人名单中确定中标单位，经公布后，招标单位向中标单位签发《中标通知书》。《中标通知书》的实质内容应当与中标单位投标文件的内容相一致。中标单位按《中标通知书》规定的时间和地点，由投标单位向招标单位的法定代表人（或委托代理人）按招标文件中提出的合同协议书签署合同。

二、投标文件的控制

（一）招标文件的研究

招标文件是投标的依据，投标人应组织有关人员全面、深入地分析、研究招标文件，着重掌握招标人对工程的实质性要求与条件，分析投标风险、工程难易程度及职责范围，确定投标报价策略，招标文件是编制投标文件的重要依据。

（二）投标报价

分析招标文件和报价内容，一般主要弄清报价范围、费用标准、执行定额、工料机定价方法、技术要求、特殊材料工艺的要求。同时，注意发现相互矛盾和表达不清的问题，及时在答疑会上采用书面形式提问，请招标人给予解释，便于报价更准确。在投标工作实践中，报价发生较大偏差原因，常见的有两个方面，一是造价估算误差太大，二是没弄清招标文件中有关报价规定。采用工程量清单报价时，应严格按工程量清单报价要求进行报价。

（三）投标程序

如图 5-1-1 所示。

（四）投标报价策略

投标策略是投标人参加竞争成功与失败的关键所在，常用的投标策略：

1. 低成本策略

通过提高技术、优化施工方案、控制材料消耗、节约成本等来降低成本。

2. 优化设计策略

园林古建工程的设计效果取决于施工再创造，通过修改不合理之处，提出解决的方法，有利于缩短工期，改进材料，控制施工成本。

3. 低利润策略

当生产任务不足时，进入新的市场，为打造品牌经营，争取低利润解决企业面临的问题。

4. 报价低，争取索赔的策略

施工时应用了合同夺标，对业主及监理工程师提出的修改做好记录，以便在索赔中取胜。

5. 优惠条件策略

投标人提出优惠条件来替业主解决困难而创造中标条件。园林古建筑工程往往图纸不够明确，有些工程本身有多方案存在，为对付这种局面，确保投标优势，可以列出多个方案，以甄选有利于中标的方案，主要为多方案报价法。还有在编制标书时，仔细阅读设计图纸，如发现图纸中有不合理之处或可改进之处，可提出新的改进设计分析作出报价，往往能得到业主赏识。

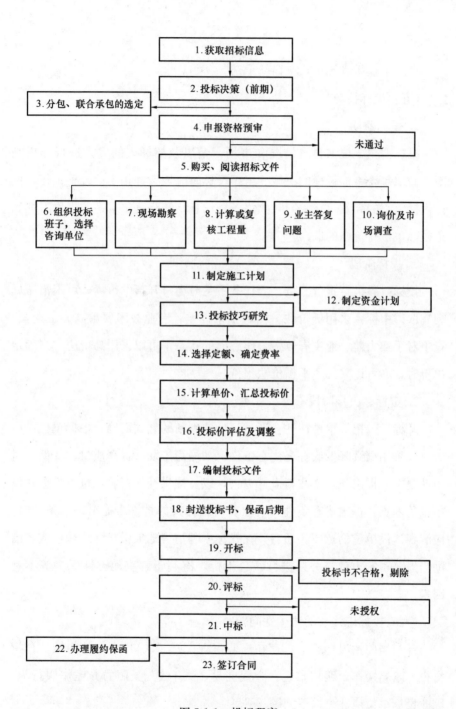

图 5-1-1　投标程序

6. 优量策略

提高工程质量等级且有罚款承诺。

（五）投标技巧

1. 投标前期

投标前主要根据自身情况和市场行情以及招标人的实力进行分析判断，做出是否参加投标的决策。组织投标时应该做好相应的改善工作，保证投标组织的高效运转，同时收集各种信息，知晓竞争对手的报价习惯和招投标单位对价格的取向。

2. 投标阶段

投标阶段进行报价分析，当任务不足时为打开新的市场，可不惜压低利润取得中标，采用低价法。当施工条件差、专业技术要求高、工期紧、竞争对手实力差、业主有较强合作意向的状态下可以采用高价法；当固定单价时，亦可以采用不平衡价法报价。

3. 定标、决标阶段

开标后，招标单位往往会通过议标法判断的方式而确立中标单位，应当可以采用继续降低或补充优态条件，如缩短工期、提高质量、降低交付条件要求、提出新技术和新设计方案，以及提供补充资源，也可根据建设单位的困难，提出优态条件，争取获得招标人的赞许。提出优态条件时，应洞察建设单位的意图。还有，在投标中聘请当地人做投标代理，或者借助当地公司的力量与关系进行联合投标，有利于解决地方性保护等不利因素。

（六）投标应注意的法律性问题

针对当前招投标环节，存在虚假审查大开"入口"，内外勾结，自招自投，暗箱操作，明招暗定，金钱交易，"有钱"关照的弄虚作假行为，因此投标单位应注意以下问题：

1. 所有行为应当依据《反不正当竞争法》及国家工商行政管理总局 1999

年 1 月 6 日发布 382 号令《关于禁止串通招标投标行为的整行规定》。

2.《招标投标法》禁止性规定有以下四点：① 禁止投标人之间串通投标；② 禁止投标人与招标人之间串通投标；③ 其他串通投标行为：投标人不得以行贿的手段牟取中标；投标人不得以低于成本的报价竞标；投标人不得以非法手段骗取中标；④ 其他禁止行为：非法挂靠或借用其他企业的资质证书参加投标；投标文件中故意在商务上和技术上采用模糊的语言骗取中标，中标后提供低档劣质货物、工程或服务；投标时递交假业绩证明、资格文件；假冒法定代表人签字，私刻公章，递交假的委托书等。

（七）投标工作应注意的问题

1. 投标前考虑因素

投标前调查项目的招标信息，研究资金来源和额度，要评估自己是否有能力、实力和优势完成招标项目。

2. 投标前的准备

熟悉招标文件，首先要保证有一定时间（14～28 天）。其次，熟悉合同条件（包括工程师的权力、计价方式等），研究技术条款、设计图纸、工程清单及说明务必填报项目单价，参加投标前会议、市场调查和工地考察，核定工程数量，向招标人提出质疑，编制施工组织设计和施工进度计划。

3. 需考虑是否投标的因素

① 工程所在地政治、经济状况，项目资金，支付能力及信誉；② 水文地质，勘探深度和设计水平；③ 工期紧迫程度（控制性工期和总工期）；④ 合同文件、工程师权力与公正程度；⑤ 竞争对手及自身实力。

4. 编制投标文件应注意事项

① 投标文件的形式和要求；② 反复核对各数字，保证分项和汇总的计算数值无差错；③ 投标文件均有法定代表人授权负责人在每页签字，修改处签字。

5. 报送投标文件应注意事项

① 报价保密（包括招标代理机构）；② 截止前的撤销及修改；③ 确保按时送达；④ 不得串通（围标或内定或陪标）；⑤ 投标保证金的保密。

第二节　施工项目合同管理

园林古建筑工程的施工合同是承发包双方为完成特定项目施工，明确双方权利、义务的约定。在签订谈判合同的过程中，必须遵循其合法性、严肃性、强制性、合作性和等价有偿服务性的原则，否则，所签订的工程施工合同会导致无效。在建设工程施工领域，业主往往处于强势的地位，双方合同出现严重的不对等现状是明显存在的。而作为承包商，必须通过加强和完善合同管理，从而实现盈利。合同管理的内容，一是合同签订过程中的管理，二是施工合同履行过程中的管理，三是施工合同中的违约责任的认定。施工项目管理合同可分为承包合同和管理合同。

一、施工承包合同管理

（一）施工承包合同的管理

1. 园林古建筑工程项目施工合同的概念

园林古建筑工程的施工合同是发包人和承包人为完成约定的工程项目而明确相互权利、义务关系的合同。1999 年 10 月 1 日生效实施《合同法》对建设工程施工合同做了规定。《建筑法》、《建设工程合同管理办法》这些法律法规部门规章是园林古建筑的工程施工合同的依据。国家建设部、工商总局对《建设工程施工合同》文本进行了示范，共由三部分组成，第一部分是《合同条件》，第二部分是《通用条款》，第三部分是《专用条款》，是园林古建筑工程的参考文本。世界银行和亚洲开发银行对我国的贷款项目一般都要采用 FIDIC 合同条件。发承包双方签订合同必须具有相应的资质条件和履行园林古建筑工程项目施工合同的能力。

2. 施工项目合同的分类

（1）当前施工项目合同一般以计价方式进行划分，合同可分为以下几种类型：

① 总价合同。总价合同一般要求投标人按照招标文件要求报一个总价，在这个价格下完成合同规定的全部工作项目。总价合同还可以分为固定总价合同、调价总价合同等。

② 单价合同。这种合同指根据发包人提供的工程量清单等相关资料，双方在合同中确定每一单项工程单价，结算时则按照实际完成工程量乘以每项约定的合同单价计算汇总。单价合同还可以分为估计工程量单价合同、纯单价合同、单价与包干混合合同等。

③ 成本加酬金合同。这种合同是指成本费按承包人的实际支出由发包人支付，发包人同时另外向承包人支付一定额度或百分比的管理费和商定的利润。

④ 计量估价合同。计量估价合同以承包商提供数量清单和单价表为计算估价金额的依据。

（2）按照承包范围分类：

① 交钥匙合同。即把项目的可行性研究、勘测、设计、施工、设备采购和安装及竣工后一定时期的试运行和维护全部承包给一个承包商。

② 设计—采购—施工合同。与交钥匙合同相比，只是承包的范围不

包括试生产及生产准备。

③ 设计—采购合同。承包商只负责工程项目的设计和材料设备采购，工程施工由业主另行委托。

④ 设计—施工合同。承包商从设计到施工的项目合同。

⑤ 单项合同。如设计合同、施工合同等合同。

3. 合同的主要内容

合同的内容由合同双方当事人约定，通常包括如下几个方面的内容：

① 合同当事人。合同当事人指签订合同的各方，是合同的权利和义务的主体。

② 合同标的。合同标的是当事人双方的权利、义务共同指定的对象。

③ 标的数量和质量。标的数量和质量共同定义标的具体特征。

④ 合同价款。合同价款即取得标的的一方向对方支付的代价，作为对方完成合同义务的补偿。

⑤ 合同期限、履行地点和方式。合同期限指履行合同的期限，履行地点是工程所在地，方式是双方交验的方式。

⑥ 违约责任。即合同一方或双方因过失不能履行合同或不能完全履行合同责任而侵犯了另一方权利时应负的责任。违约责任是合同的关键条款之一。

⑦ 解决争执的方法。这是一般项目合同必须具备的条款，不同类型的项目按需要还可以增加许多其他内容。

（二）合同订立的程序

1. 园林古建筑工程项目合同订立的原则

《合同法》的基本原则是合同当事人在在合同签订、执行、解释和争执过程中应当遵守的基本原则，也是人民法院、仲裁机构在审理、仲裁合同时应当遵循的原则，主要包括：① 自愿原则；② 诚实信用原则；③ 合法的原则。

2. 订立合同

承包商收到"中标通知书"后，必须经过两个步骤，即要约和承诺。合同法规定"当事人订立合同，采取要约、承诺方式"。之后，应立即着手研究中标工程的招标文件中的条款。结合其文件思考合同的具体内容和条款，做好准备工作，谈判和签约是履行法律的行为，应当按照一定的程序执行。

① 成立合同谈判班子，应组织有谈判经验、懂经营管理、精通财务的职能人员参加合同编制。项目经理参加谈判前需了解工程前期活动和合同的全部内容。

② 明确谈判基础和目标，必须掌握发包人的态度，有的项目侧重于工期，有的侧重于质量，有的侧重于成本，不同的侧重点代表发包人的立场不同。对承包商来说，也有不同的侧重点，"知己知彼"才能"百战百胜"。因此，在谈判之前应当摸清对方的情况，找出关键问题。

③ 估计谈判为签约结果。准备有关的文件和资料，包括合同参考稿，以及引导合同思路的文件资料，准备几个不同的谈判方案，改变发包人不接受则容易使谈判陷入僵局的局面。

3. 签订合同

谈判达成一致后，就需要双方签订园林古建筑项目施工合同，并细化其中的具体条款，要掌握起草权，园林古建筑工程施工发包人和承包人关于工程建设，约定双方权利、义务的协议。

(1) 主要条款

① 承包范围。园林古建筑工程通常分为园建、绿化、安装和装饰几个部分，工程合同应当在承包范围的条款中列明施工企业承建的范围，防止结算出现纠纷。一般情况下，以施工图纸涉及范围为准。与此同时，发包人另行发包的部分也应列出清单。

② 工期。工期是指自开工日期至竣工日期的期限，双方应对开工日

期及竣工日期约定准确，同时能引起工期顺延的情况也应列明。工期应当合理，双方应根据国家工期定额为基础，结合工程项目的具体特点和双方的资金实力与施工经验，确定工期。

③ 价款。合同价款，也称工程造价，一般是由当事人约定。合同价款的计算方法一定要明确，对总价包干的价款，尤其要引起重视。

④ 材料和设备的供应。合同双方需要明确约定发包人供应的材料和设备、供应时间、验收标准、交货地点等，以及双方各自的责任。

⑤ 付款和结算。工程项目的预付款、进度款的支付时间，竣工结算款的结算与支付时间应当细化、明确，以防止发包人任意拖欠。

⑥ 竣工验收。实践中，有些发包人为达到拖欠工程款的目的，故意不组织验收或验而不收。因此，施工企业在拟订本条款时，应当慎重。特别是绿化养护期满前补栽苗木的验收和结算形式应在合同中明确。

⑦ 质保金。质保金的数额应当合理，同时质保金的返还时间节点应当确定，实践中由于约定不明，发生质保金不被返还的纠纷屡见不鲜。

(2) 合同生效要素

合同生效，即合同发生法律约束力。合同生效后，业主和承包商须按约定履行合同，以实现其追究的法律后果。但也有两种特殊的情况，一是按照法律法规的规定，有些合同应当办理备案手续后才能生效；二是当事人对合同的效力可以约定附条件或者附期限，那么自然条件成立或期限截止时生效。

(3) 无效合同的认定

合同法规定，有下列情形之一的合同无效：一是一方以欺诈、胁迫的手段订立合同的；二是恶意串通，损害国家、集体或者第三人利益的；三是以合法形式掩盖非法目的的；四是损害社会公共利益的；五是违反法律、行政法规的强制性规定的。无效合同的确认权归合同管理机关和人民法院。

无效合同的处理，一是无效合同自合同签订时就没有法律约束力；二是合同无效分为整个合同无效和部分无效，如果合同部分无效的，不影响其他部分的法律效力；三是合同无效，不影响合同中独立存在的有关解决争议条款的效力；四是因该合同无效取得的财产，应予返还，有过错的一方应当赔偿对方因此造成的损失。

4. 合同交底

合同交底，是指施工企业参与订立合同的人员在对合同的主要内容做出解释和说明的基础上，通过组织职能部门和项目部人员学习合同条款，使大家认识到合同中的风险，从而避免在履行中违约，同时也使大家能够运用合同条款为企业获得更大的经济利益。

在我们实践领域当中，人们对施工图纸交底工作比较重视，而对合同交底则一直都是忽视的。签订合同的是一套人马，履行的又是另一套，二者之间缺乏有效的沟通，最后导致应得的利益无法保障，还可能会因为违约使企业损失惨重。因此，合同签订后，合同交底同样不能轻视。一般说来，建设单位施工合同的交底内容大致有以下几点：①工程的质量标准；②工程的工期要求；③工作联系单、签证单的格式和签收制度；④与其他施工单位之间的责任界限；⑤构成违约责任的条件及其法律后果。

5. 履约管理

合同生效后，应做好合同履约。《中华人民共和国合同法》第十六条规定："当事人应当按照约定全面履行自己的义务。当事人应当遵循诚实信用原则，根据合同的性质、目的和交易习惯履行通知、协助、保密等义务。"工程合同一经签订，即具有法律效力，合同当事人必须坚决履行合同规定的内容不得违反。

（1）履约管理的内容

履约管理主要分成两大块，一是自己的行为要符合合同约定，二是监督合同对方的行为要符合合同约定。

在实践当中，项目经理为合同履约的第一责任人。项目经理部应当根据项目任务及责任划分，明确合同变更、违约索赔、争议处理的权限设置。要了解建设单位履行合同的最主要义务是按时、按量支付工程款。不管是施工企业自己按合同履行义务，还是监督建设单位履行合同义务，其核心都要注意证据的收集与整理。

（2）合同履行中的解释问题

在合同履行中，任何一方对合同条款的解释有异议的，合同法规定，应当按照合同所使用的词句、合同的有关条款、合同的目的、交易习惯以及诚实信用的原则，确定该条款的真实意思。如果合同文本采用两种以上的文字订立，并约定具有同等效力时，当各文本使用的词句不一致时，应根据合同的目的予以解释。当合同中有些内容没有约定或约定不明时，双方可以订立补充协议确定。

6. 违约责任

违约责任是指合同当事人违反合同约定，不履行义务或履行义务不符合约定所应承担的责任。当事人一方不履行合同义务或履行义务不符合约定，应当承担如下责任：一是继续履行合同，违约人应继续履行没尽到的合同义务；二是采取补救措施，如质量不符合约定的，可以要求修理、更换、重做、退货、减少价款或者报酬等；三是支付违约金。

7. 合同变更、转让、解除和终止

（1）合同的变更

合同的变更通常是指由于一定的法律事实而改变合同的内容和标的的法律行为。当事人双方协商一致，可以变更合同。

（2）合同的转让

债权人可以将合同的权利全部或部分地转让给第三人，但几个情况除外：一是根据合同的性质不得转让的；二是按照当事人的约定不得转让的；三是按照法律规定不得转让的。债权人转让权利应当通知债务人。合同当事人一方经对方同意，可以将自己的权利和义务转让给第三人。如果当事人一方发生合并或分立，则应由合并或分立后的当事人承担或分别承担履行合同的义务，并享有相应的权利。

（3）合同的解除

合同的解除是指消灭既存的合同效力的法律行为。合同解除有协议解除和法定解除两种情形。合同解除的程序是，若当事人一方依照规定要求解除合同应通知对方，对方有异议的，可以请求人民法院或仲裁机构确认解除合同的效力。如果按法律、行政法规规定解除合同需要办理批准、登记等手续，则应当办理。合同的权利和义务终止，并不影响合同中结算和清理条款的效力。

（4）合同的终止

根据我国的现行法律和有关司法实践，合同的法律关系可由下列原因而终止：合同因履行而终止。合同的履行，就意味着合同规定的义务已经完成，权利已经呈现，因而是自行终止，这也是最通常的原因；当事人双方混同为一人而终止。当事人合并为一人时，原有合同已无履行的必要因而自行终止；合同因不可抗力的原因而终止；合同因当事人协商而终止；仲裁机构裁决或法院判决终止合同。

8. 合同纠纷的处理

合同纠纷通常具体表现在，当事人双方对合同规定的义务与权利理解不一致，最终导致对合同的履行或不履行的后果和责任的分担产生争议。合同纠纷的解决通常采用四种途径：协商、调解、仲裁、诉讼。

二、园林古建筑工程施工管理合同

（一）项目管理合同的概念

园林古建筑施工企业与业主签订工程承包合同后，在企业内部通过评议、选聘、竞争的形式，组建项目经理部，负责完成工程建设任务，与项目经理部签订目标管理责任书，以明确双方的权利和义务。同时项目经理部还需与专业的分包单位、劳务单位等签订承包合同。因此，项目管理合同是企业内部进行经营管理的经济合同，它明确了企业与项目经理以及其他当事人之间的权利义务，是企业内部工程项目承包的依据。其施工项目管理各方关系如图 5-2-1 所示。

图 5-2-1　施工项目管理各方关系系统图

（二）项目管理合同的种类

项目管理合同主要由项目管理目标责任书、专业承包合同、劳务合同、分包合同等，还有采购、租赁合同等组成。

1. 工程项目管理目标责任书

工程项目管理目标责任书是根据国家有关法律、法规和企业内部有关制度，由企业总经理与项目经理针对工程项目订立的合同。其合同内容如下：

（1）承包指标：包括安全、质量目标、消耗等应达到的指标，以及工期、文明施工、创优等要求。

（2）承包内容：利润率指标、消耗指标、工资总额与超计划完成利润留成比例等方式。

（3）公司对项目经理应明确的其他责任：包括现场施工组织设计、图纸、技术资料、测试数据、材料性能及使用说明的交流，提出质量要求。

（4）考核与奖罚：包括应达到的安全、质量、工期、文明施工、利润等各项指标奖罚金额。

（5）责任：包括违约和法律责任。

2. 专业承包合同

专业承包是以分部、分项、专业工种项目为对象，以承包合同为纽带，项目经理部与另一方所签订的承包合同，是从工程开工到竣工交付使用的全过程承包和管理。

主要内容如下：① 发包方（项目经理部）、承包方名称；② 承包的专业工程名称；③ 工程概况及承包范围；④ 承包费用及指标，包括总费用（人工、材料、机械费用），承包方必须实现的承包指标（安全施工、质量目标、文明施工达标、承包费用控制指标）；⑤ 考核与奖罚规定；⑥ 双方职责；⑦ 风险责任抵御金额；⑧ 合同责任、违约责任及纠纷解决和仲裁。

应当注意的问题：施工企业将工程转包、分包给没有资质的施工单位，或者分包给个人（为行文便利计，上述合同主体的另一方称实际施工人），所订立的合同均属于无效，即使施工企业已将全部分包工程款交付给实际施工人。若实际施工人对外拖欠设备租赁款、材料款、再分包工程款，法院基本上判决发包的施工企业与实际施工人一道对外承担连带责任。

3. 劳务合同

劳务合同是项目经理部与企业内部劳务组织和外部劳务企业之间的合作。劳务合同的内容有：

（1）订立合同单位的名称。

（2）承包工程任务的劳务量及工程概况。

（3）发包方的责任：标准及验收规范，负责技术交底和工程质量检查，验收，施工用料的供应和计划管理的沟通，周转材料、设备、机械的提供，劳动力的使用计划，成本控制及经济效益的提示，安全生产管理办法和保护设施的提供，现场文明施工费用的提供，建设、设计、监理及行业部门和公司内部业务联系，按期支付劳务费用，明确劳务用人的生产、生活设施。

（4）劳务承包方责任：根据甲方计划要求调整劳动力，全方面负责本单位人员的生活服务和劳保编制；教育职工遵守甲方制定的安全生产、文明施工、质量管理、材料管理和各项规章；组织文化、技术学习，保证劳务质量；监督本单位人员产品自检、互检、交接检的意识，保证工程质量；负责手工操作的小型工具、用具配备及劳保用品的发放，协助甲方做好劳务用工的管理。

（5）劳务费计取和结算方式。

（6）奖励和罚款。

（7）合同发生争议的解决方式。

（8）违约责任及处理。

4. 分包合同

工程的分包合同是项目经理部与其他有资质要求的专业企业订立的合同。主要内容有：① 总包、分包单位名称；② 工程名称及分包内容；③ 工程地点；④ 承包方式；⑤ 工程造价、质量、工期；⑥ 双方的责任；⑦ 物资供应；⑧ 工程量及结算方法；⑨ 交工验收方法及执行标准；⑩ 奖罚及罚款；合同争端的解决及仲裁。

第三节　施工项目造价管理

一、工程造价概述

园林古建筑工程的建设需要投入一定数量的人工、物资、机械，园建、绿化、安装等项目均不例外。对于任何一项工程，都可以通过设计图纸来计算出所需要的人工、机械和材料的数量、规格和费用，计算出工程的造价。园林工程概预算涉及很多方面的知识，如阅读图纸、了解施工工序及技术、熟悉定价和市场价格，掌握工程量计算方法和政策性取费等。园林绿化工程造价由两个部分组成，一是工程直接费用，二是工程间接费用。

园林古建工程造价包括设计概算、投标标底、施工图预算、施工预算、竣工决算，其编制程序主要涵盖了熟悉图纸、了解现场、掌握定额、计算工程量、套用定额、统计费用、汇总造价等过程。

二、投标商务标

施工图预算是当工程设计完成后，在工程开工之前，由编制单位或施工单位根据已批准的施工图纸，在特定的现场条件下，按照国家颁布的多类工程预算定额、单位结价表及多项费用的取费标准等有关资料，预先计算出确立工程造价的文件，是编制标底计算投标报价的基础。

投标报价。报价是投标工作的核心，必须以施工图预算为基础报价，在确立报价过程中，应考虑自己的管理水平、施工方法、技术措施、施工进度、劳动力的平衡及安全措施等多方面因素。同时也要了解竞争对手优势所在，只有在掌握全面情况的条件下，才能使报价具有一定的竞争力，而又不致严重失误造成亏损，一般需要提供基础报价、最低价和最高价及简要说明，并提交决策。

三、园林古建筑工程报价编制材料

编制园林古建筑工程预算应根据《中华人民共和国招标投标法》、建设部令第 107 号《建筑工程施工发包与承包计价管理办法》和《建设工程工程量清单计价规范》（GB 50500—2013）还需要的文件与资料如下：① 全套园林古建筑工程施工图；②《××省（自治区、直辖市）园林工程预算定额》；③《××省（自治区、直辖市）园林工程费用定额》；④《仿古建筑及园林工程预算定额》第四册（仅作参考）；⑤ 园林工程施工合同；⑥ 有关园林工程书籍；⑦ 当时当地价格信息；⑧ 有关调整园林工程预算定额的文件。

四、园林古建筑工程预算编制步骤

1. 熟悉工程施工图

首先应清点工程施工图，并收集索引的通用标准图集。

仔细阅读施工图，特别要注意各部位所用材料、构造做法以及具体尺寸。

对于施工图中有失误之处，应记录下来，待在图纸会审会议上解决，不可擅自修改。

2. 划分工程的分部、分项子目

根据工程施工图上所示施工内容，参照工程预算定额，确定某个施工内容属于哪个分部工程、哪个分项子目。确定分项子目要根据其施工内容名称、工作内容、所用材料及构造做法等施工条件，必要时要进行定额单价换算。

3. 计算各分项子目的工程量

根据工程量计算规则，逐个计算已确定的分项子目的工程量，并将其算式及计算结果填入工程量计算表内。特别提示：工程量计算结果的计量单位，必须与定额表右上角所示计量单位相一致。

工程量计算程序应与分部工程程序及分项子目编号程序相符，不可挑一个算一个。

4. 计算工程直接费

按照分项子目的名称及编号，在相应的定额表上，查取其人工费单价、材料费单价及机械费单价，再按分项子目工程量分别乘以人工费单价、材料费单价及机械费单价，计算出该分项子目的人工费、材料费及机械费。注意：某些分项子目的材料费单价中不含主要材料的单价，必须将《地区建筑材料预算价格》中所示该材料的单价加到材料费单价中去，才可计算材料费。

把该分项子目的人工费、材料费及机械费相加即得合计数，把各个分项子目的合计数相加就成直接费。

直接费演算各项数据，必须正确地填写在工程直接费计算表内。

合计数及直接费计量单位为元，角、分值四舍五入。

5. 计算管理费及工程造价

参照《地区工程费用定额》，查取间接费率、利润率、税率、其他费率等，按照规定算式，计算出间接费、利润、税金以及其他费用，把直接费与这些管理费用相加即成工程造价。

管理费用及工程造价的演算，应连同直接费一起填写在工程造价计算表内。

管理费用及工程造价的计量单位为元。

6. 计算主要材料用量

按照分项子目的名称及编号，在相应的定额表中，查取其所用主要材料的名称及数量，再按分项子目工程量乘以材料定额数量，既得出该分项子目所用主要材料的数量。

把相同的材料汇总，即得出该工程所用主要材料的数量。

当工程量较小时，一般不计算主要材料用量。

7. 预算书审核

预算书完成后，先在施工单位内部自审，改正错误之处，再送投标决策层制定确立投标策略，调整投标报价。该预算书作为投标中文件之一，并作为合同价款付款依据。工程竣工后，预算书作为编制决算的主要基础资料。

五、工程量清单的编制规定

（一）工程量清单

工程量清单是由招标人组织编制的，其工程量清单的组成有以下内容：① 工程量清单总说明（工程概况、现场条件、编制工程量清单的依据及有关资料，对施工工艺、材料的特殊要求及其他说明）；② 分部分项工程量清单；③ 措施项目清单；④ 其他项目清单；⑤ 零星工作项目表；⑥ 主要材料价格表。

（二）工程量清单计价

工程量清单计价由投标人编制。工程量清单计价是指单位工程在施工招标活动中，招标人按规定的格式提供招标工程的分部工程量清单，投标人按工程价格组成、计价规定，自主投标报价。工程量清单报价表的组成如下：① 投标总价；② 工程项目总价表（总包工程）；③ 单项工程费汇总表；④ 分项工程量清单计价表、分部分项工程量清单；⑤ 措施项目清单计价表；⑥ 其他项目清单计价表；⑦ 零星工作项目计价表；⑧ 分部分项工程量清单综合单价分析表；⑨ 主要材料价格表。

六、施工预算和过程控制

（一）施工预算

施工预算是施工单位内部编制的一种预算。是指施工内预算（商务标）的控制下，依照公司的消耗经验（企业定额），对施工编制施工计划，签收施工任务单，限额谈判，开展定额经济包干，实现按劳分配。是劳动力、材料和机械用度控制成本的依据。

（二）变更价款签证

工程变更价款一般是由设计变更、施工条件变更、进度计划变更以及完善使用功能提出新增（减）项目而引起的价款变化。而变更签证是指承发包双方在建设工程施工合同履行过程中，因设计变更或现场因素导致工程量或价格发生变化。由承发包双方达成的意见表示一致的协议，或者是双方给定（如建设单位工程施工合同、协议、会议纪要、来往证件等书面形式）的程序确认签证。变更签证是一份协议，是一份补充合同，是一种直接的原始依据，是直接的结算证据。总的来说，签证就是钱。同工程价款的编制和审核基本相同，工程变更价款的签证应强调以下几个方面：一是手续应齐全，二是内容要清楚，三是要符合结算的规定，四是办理应及时。

实际工作中，依据《建设工程施工合同（示范文本 GF—1999—0201)》第二部分通用条款第 31.2 条规定"承包人在双方确定变更后 14天内不向工程师提出变更工程价款报告时，视为该项变更不涉及合同价款的变更。"第 31.3 条规定"工程师应在收到变更工程价款报告之日起 14天内予以确认，工程师无正当理由不确认时，自变更工程价款报告送达之日起 14 天后视为变更工程价款报告已被确认。"在完成过程中，要让工程师严格按照示范文本通用条款的约定及时确认项目经理提出的工程变更价格，确有难度，则项目经理可以通过会议纪要在签证中表达出来。双方对该部分的变更事实已经确认，涉及具体变更价格的确定，到竣工结算时，承包人可以凭借工程联系单或签证单等书面材料，依照合同订立和法律规定一并结算。

（三）施工期间的价格控制

（1）材料调整：明确分阶段调整的或者有其他明文调整办法规定的差

价，其调整项目应及时调整，并列入调整费用中，规定不明确的要暂后调整。

（2）重大的现场经济签证应及时编制调整费用文件，一般零星签证可以在竣工结算时一起处理。

（3）原预算或标书中的甩项，如果图纸难确定，应立即补充，尚未明确的继续甩项。

（4）属于图纸变更，应定期及时编制费用调整文件。

（5）对预算在标书中评估的工程量及单价，可以到竣工结算时再做调整。

（6）实行预算结算的工程，在预算实施过程中如果发现预算有重大差别，除个别重大问题应急需调整立即处理以外，一般可以到竣工结算时一并调整，其中包括工程量计算错误、单价差、套错定额子目等。对招标中标的工程，一般不做调整。

（7）定额多项补充的费用调整文件所规定的费用调整项目，可以等到竣工结算时一次处理，但重大的特殊的问题应及时处理。

七、竣工结算

建设工程竣工结算是建筑施工单位所承包的工程按照建设工程施工合同所规定的施工内容全部完工交付使用，向发包单位办理竣工后工程价款结算的文件。竣工结算编制的主要依据为：招投标文件，施工承包合同补充协议，开、竣工报告书；设计施工图纸及竣工图；设计变更通知书；现场签证记录；甲、乙方供料手续或有关规定；采用相关的工程定额、专用定额与工期相应的市场材料价格以及有关预结算文件。

（一）竣工结算编制要点

竣工结算的编制要点是注重分析投标报价和合同价的成因、熟悉原施工图和竣工图纸、变更时间以及竣工现场情况，按照企业已消耗的成本计算和复检工程量，汇总竣工工程量；应考虑审核方的方便，对照套用原单价或确定新单价，对新增的项目应根据定额编制原理、分析用料、操作规程、施工实际编制单价；正确计算有关费用，做竣工结算价格和实用费用成本的分析，找出原因；编制竣工结算说明，制作竣工结算书。

（二）竣工结算应注意的事项

2001 年建设部令第 107 号《建筑工程施工发包与承包计价管理办法》第十六条对竣工结算及其审核做了相应的规范性规定。工程竣工验收合格，应当按照下列规定进行竣工结算：

（1）承包方应当在工程竣工验收合格后的约定期限内提交竣工结算文件。

（2）发包方应当在收到竣工结算文件后的约定期限内予以答复。逾期未答复的，竣工结算文件视为已被认可。

（3）发包方对结算文件有异议的，应当在答复期内向承包方提出，并可以在提出之日起的约定期限内与承包商协商。

（4）发包方在协商期内未与承包方协商或经协商未能与承包方达成协议的，应当委托工程造价咨询单位进行竣工结算审核。

（5）发包方应当在协商期满后的约定期限内向承包方提出工程造价咨询单位出具的竣工结算审核意见。

发承包双方在合同中对上述事项的期限没有明确约定的，可认为其约定期限均为 28 日。

发承包双方对工程造价咨询单位出具的竣工结算审核意见仍有异议的，在接到该审核意见后一个月内可以向县级以上地方人民政府建设行政主管部门申请调解，调解不成的，可以依法申请仲裁或者向人民法院提起诉讼。

工程竣工结算文件经发包方与承包方确认即应当作为工程决算的依据。

（三）竣工结算的主要纠纷

在实践工作中，发包方和承包方关于竣工结算的时间节点约定得十分模糊，虽建设部令第 107 号对竣工结算的办理期限做了相应规定，但该规定只是行业的指导性意见，并不能强制适用于工程结算的办理。因此，发包方往往会利用这一点拖延结算，发承包方关于竣工结算的矛盾就产生了。

（四）如何避免结算工作的纠纷问题

《最高人民法院关于审理建设工程施工合同纠纷案件适用法律问题的解释》（以下简称《司法解释》）第二十条规定："当事人约定，发包人收到竣工结算文件后，在约定期限内不予答复，视为认可竣工结算文件的，按照约定处理。承包人请求按照竣工结算文件结算工程价款的，应予支持。"

要充分利用上述规定保护建筑施工企业的合法权益，尽量在建设施工合同期限内对竣工结算文件进行审核，对竣工结算文件进行确认或者提出审核意见。如果发包人没有在约定的期限内履行义务，则会产生法律上对其不利的后果，关于本条的具体操作，我们将在下文详细阐述。

第六章

园林古建筑工程过程控制

第一节　施工项目进度控制

施工进度计划控制是根据施工合同对施工进度的要求控制施工进度，这是施工方履行合同的义务。首先，要根据合同明确进度目标，并进行适当分解，编制施工进度计划。其次，在施工进度计划实践过程中，定期观察和整改相关的数据，并进行分析和比较。再次，若发现进度偏差，应及时采取纠正措施或调整原进度计划。这种不断循环，直至工程竣工验收交付为止，是一个动态的过程。在进度编制计划方面，应视项目的特点和施工进度控制的需要，编制深度不同的控制性的、指导性的和实战性的施工进度计划，以及按不同计划周期（年度、季度、月度、每周）的施工控制计划。

一、项目进度目标的确定

竣工时间就是工程竣工的进度目标。确定施工进度控制目标的主要依据有：项目总目标对施工工期的要求，工期定额，类似工程项目的实际进度，工程难易程度和工程条件的落实情况等。还要考虑以下因素：分期分段、分批作业，主要与次要、地上与地下、室内与室外之间的关系，合理安排专业配合交叉和平行的管理，以及资金、供应能力、外部协作和所在地的自然条件关系。

二、施工进度目标的分解

施工项目可根据进展阶段的不同，分解成数个层次。而进度目标可根据所分的层次分解目标，以构建施工项目的进度目标控制系统。每层分解都受到上下层目标的制约，一般情况下，规模越大，目标分解层次就越多。施工进度目标分解主要有：按施工阶段分解、按进度进行分解、按专业工种分解、按时间节点分解。图 6-1-1 为园林古建筑施工项目进度目标分解图。

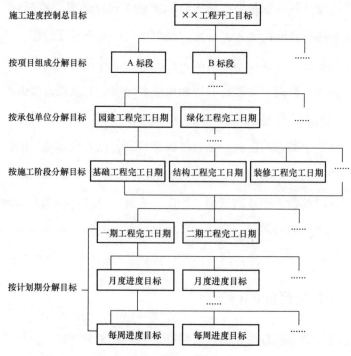

图 6-1-1　园林古建筑施工项目进度目标分解图

三、施工项目进度计划控制方法

园林古建筑工程的进度计划控制的方法主要是进度计划的规划、控制和协调。规划就是确定施工项目总进度控制及单位、分部、分项工程分进度控制目标，并编制其进度控制纲要。控制就是在项目施工的全过程中，跟踪检查，并与计划进度进行不断地比较，发现偏差就及时采取措施，加以调整和纠正。协调就是协调与项目施工有关的分包、劳务及相关单位之间的进度管理。

四、园林古建筑工程项目进度计划的编制

施工进度计划的编制，是在已经确定的施工工期目标的基础上，根据开工日期、竣工日期、施工图纸相关的技术资料文件、相应完成的工程量，单位、分部、分项工程施工的先后顺序、起始时间和施工工艺相互之间的逻辑关系、工程项目所需的劳动力和各项技术、物资供应条件，结合自然环境条件的具体策划和统筹安排，编制一份科学合理的施工进度计划，协调好施工时间、资源配置关系。施工进度计划是施工进度控制组织实施的基础。

（一）编制施工计划的原则

编制施工计划的原则：保证施工按目标工期完成，在合理范围内，尽可能缩小施工场地及各种设施的规模，充分发挥现代化、创新等资源，提高生产效率，尽量组织流水作业，连续、均衡施工，减少停工和浪费现象，努力减少组织安排不力、人员不合理造成的时间损失和资源浪费。

（二）进度计划的编制

施工时间计划通常采用横道图和网络图来表示。

1. 横道图

（1）横道图是以横道线条结合时间坐标来表示工程项目多项工作的开始时间、持续时间和先后顺序。其优点是简单、明了、直观、易懂，且较易编制。其缺点是不能全面地反映出多项工作相互之间的关系和影响，不便于进行多种时间的计算，不能突出工作重点。横道图的表示方法可以分为水平进度计划和垂直进度计划。水平进度计划又可以分为顺序施工法、平行施工法、流水施工法。横道图如图 6-1-2 所示。

序号	分部工程名称	月份（时间）										
		1	2	3	4	5	6	7	8	9	10	11
1	地形	━━━━━━━										
2	园建			━━━━━								
3	绿化					━━━━━━━						
4	安装		━━━━━━━━━━━━━━━									
5	调试及初验										━━━	

图 6-1-2　横道图

（2）横道图的编制程序如图 6-1-3 所示。

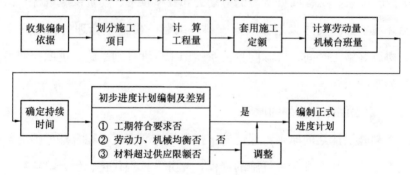

图 6-1-3　横道图的编制程序

2. 网络图

网络计划图是以箭线和节点组成的有序有向的网状图形来表示项目的

进度计划。通过各种计算，找出网络图中的关键工序、关键路径，求出最优计划方案。其优点是把项目工程中的各有关工作组成了一个有机整体，全面而明确地反映出多工作之间的相互制约和相互依赖的关系，找出关键工作，便于施工人员集中精力、抓住项目实施中的主要矛盾，保证进行目标的完成，利用网络计划反映出的时差，更好地处置各种资源，达到节约人力、物力和降低成本的目的。网络计划是比较严密完善的计划形式和方法，目前在国内外工程界广泛应用。网络计划包括单代号网络计划图和双代号网络计划图两种。

（1）单代号网络计划图

如图 6-1-4 所示，图中节点表示工作内容和持续时间，箭线仅表示各项工作之间的逻辑关系。因为用节点来表示工作，所以单代号网络计划图又称节点网络图。

（2）双代号网络计划图

如图 6-1-5 所示，图中每一条箭线代表一项工作，箭线所指的方向表示工作进行的方向，箭线的箭尾表示该项工作的开始，箭头表示该工作的结束，工作名称标注在箭线水平部分的上方，工作的持续时间（包括作业时间）则标注在箭线的下方。在双代号网络图中表示一项工作的开始或结束，用圆圈表示，实箭线表示实工作，虚箭线表示虚工作，即不占用时间不消耗资源，表示工作之间的逻辑关系，持续时间为零。

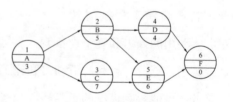

图 6-1-4　单代号网络计划图

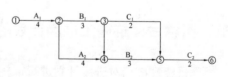

图 6-1-5　双代号网络计划图

（3）网络图的编制程序

如图 6-1-6 所示，实例如图 6-1-7 所示。

（三）园林古建筑工程项目计划的编制步骤

园林古建筑工程项目进度计划的编制步骤主要是：划分施工工程、计算工程量、套用施工定额、计算劳动用工、机械台班、确立施工进程的连续时间、初排施工进度计划、调整优化施工进度计划。

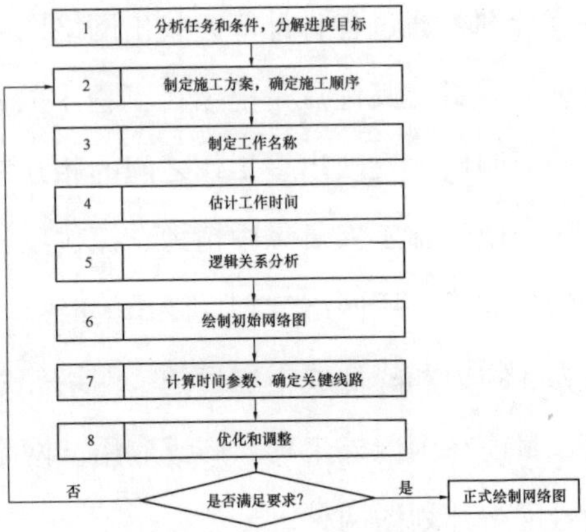

图 6-1-6　网络图的编制程序

（四）编制进度计划应注意的问题

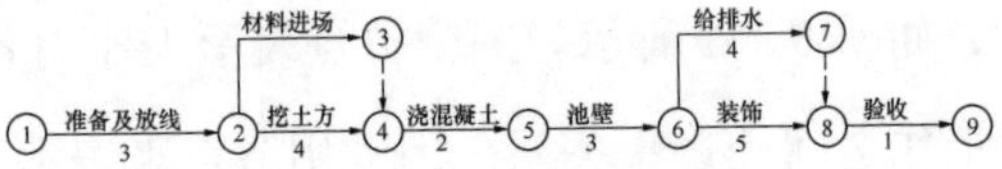

分析施工线路是否正确，能否确保工程按时竣

图 6-1-7　水池施工进度网络图

工，所动用的人力和施工设备能否满足完成计划的工作量，基本工作程序是否实用，资源、材料、劳动力和施工设备的供应计划是否符合进度计划的要求，可能影响进度的施工环境和技术等方面的问题。

五、园林古建筑施工进度计划的审核

项目经理应当对进度计划进行审核，审核后报相关部门批准。审核的主要内容有：总目标和所分解的子目标的联系是否合理，进度安排是否满足合同要求，进度的内容是否全面，有无遗漏情况，能否满足安全生产、文明施工、质量可靠的要求，施工层和作业顺序安排是否合理，资源供应的时间节点能否满足均衡，总承包和分包之间的配合是否有干扰，专业分包和计划衔接的节点是否明确，进度计划调整的应变措施和各项进度计划实现的措施是否周到、可行、有效。

六、园林古建筑项目进度计划的实施

施工进度计划的实施就是按施工进度计划开展施工活动，落实和完成计划，为保证项目多项施工活动按施工进度计划所确定的时间和顺序实施，应做好以下工作：检查多层次的计划，并进一步编制月（周）作业计划；强化动态管理，做好主要要素（人、财、物）的优化配套，签发施工任务书，签订目标责任合同，实行进度计划交底，保证全体人员共同参与计划的实施；做好施工记录，及时掌握现场实际动态，做好施工过程中的协调和调度工作，预控影响因素，采取预控措施。

七、园林古建筑工程进度计划的检查

为了对园林古建筑工程项目进度计划进行控制，项目经理必须深入现场第一线，收集总结关联进度的数据，分析部门进度与计划进度之间的关系。通常的比较方法有：横道图比较法、曲线比较法和网络计划检查法。

（一）跟踪检查施工实际进度

跟踪检查施工实际进度，就是要收集实际施工进度的有关数据，为分析施工进度状况、制定调整措施提供依据。跟踪检查的时间、方式和收集数据的质量，将直接影响进度控制的质量和效果。

1. 检查时间

检查的时间与施工项目的实际情况和对进度执行要求程度有关，通常有两类：一是日常检查，即由常驻现场管理人员每日进行检查，用施工记录和施工日志的方法记录下来，对施工进度有重大影响的关键施工作业应派人在现场督阵；二是定期检查，其间隔与计划周期与召开现场会议的周期相一致，可视工程实际情况，每月、每半月、每旬或每周检查一次。施工中遇到天气、资源供应等不利因素时，间隔时间临时可以缩短，检查应频繁。

2. 检查的内容和方式

对每日施工作业效率、周及月进度进行检查，就完成情况进行记录，检查期内实际完成和累计完成工程量、实际参加施工人加考勤、机械数量及生产效率，分析误工、停工原因，以及进度偏差、进度管理的情况，还有影响进度的特殊原因，建立报表制，定期召开进度会议。

（二）整理统计检查数据

在收集施工实际进度数据和资料时，应按计划控制的工作项目内容进行统计整理，以相同的数量和形象进度，形成与计划进度具有可比性的数据。一般采用实物工程量、施工产值、劳动消耗量及它们的累积百分比来整理，将整理统计实际检查的数据资料与进度计划比较分析。

（三）对比实际进度与计划进度进行小结

用已整理统计的反映施工项目实际进度的数据与计划进度相比较分析。通过比较确定实际进度是否与计划进度相一致、超前或延后，为调整决策提供依据。

（四）施工进度检查结果的处理

对施工进度检查的结果要形成控制报告，把检查比较的结果及有关施工进度现状和发展趋势提供给项目经理及各级业务职能负责人。

八、施工项目进度比较分析

施工进度的检查计划执行信息的主要来源，是施工进度调整和分析的依据，是进度控制的关键步骤。进度计划的检查方法主要是对比法，即实施进度和计划进度进行对比，从而发现差距，以便调整及修改计划。也可结合与计划表达方式相一致的图标进行图解分析。其比较方法有：横道图比较法、曲线比较法和网络计划比较法。

九、进度计划实施中的调整

（一）影响施工进度的因素

为了实现进度目标，当项目进度发现问题后，必须在施工进度计划实施之前对影响工程进度的因素进行分析，进而提出保证的措施，以实现控制。影响因素主要有以下几个方面：工程建设相关单位的影响，物资供应进度的影响，财力的影响，设计变更的影响，施工条件的影响，各种风险因素的影响，以及项目管理水平和各项配合的影响。

正是由于上述各种因素的影响，施工进度控制过程难免会产生偏差，一旦发现进度偏差，就应及时分析产生的原因，进行必要的纠偏措施和调整原进度计划，这种生产是一种动态控制过程。调整程序可参考图 6-1-8。

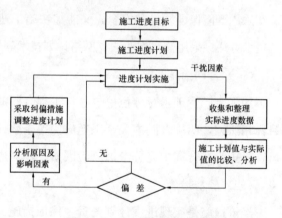

图 6-1-8　施工进度调整控制

（二）进度计划实施中的调整方法

进行确保进度目标的实现，当项目进度出现问题时，必须判断是否为关键工作，判断其进度偏差是否大于总时差，判断进度偏差是否大于自由时差，必须对原进度计划进行调整。进度调整的方法主要有改变工作间的逻辑关系，缩短某些工作的延续时间，改变施工方案。只有这样，才能保证总工期的实现。

十、项目进度计划的保证措施

工程项目进度计划的保证措施主要有组织措施、技术措施、合同措施、经济措施和信息管理措施等。

（一）组织措施

落实各层次的进度控制人员的编制、具体任务和工作责任；建立进度控制的组织系统；根据园林古建筑工程项目的规模、组成、实施顺序、专业工种及合同要求进行项目分解，确定进度控制工作制度，如检查时间、方法、协调会议时间、参加人员等；对影响进度的因素进行分析和预测。

（二）技术措施

采用既能保证质量和安全，又能加快施工速度、降低成本的先进的施工技术方法；采用流水作业法、网络计划技术等先进的进度计划管理办法。

（三）合同措施

加强合同管理，对分包单位签订工程合同的合同工期与有关进度计划目标相协调，明确合同中关于工期的奖罚条款；严格控制合同变更；加强风险管理，在合同中充分考虑风险因素及其对进度的影响和处理办法。

（四）经济措施

经济措施是实现进度计划的资金保证措施。要建立健全相应的奖惩制度，对提前工期给以奖励；对应急赶工给予赶工费；对拖延工期处以罚款；加强索赔管理。

（五）信息管理措施

不断地收集工程实际进度的有关资料，进行整理统计并与计划进度比较，定期地向建设单位提供比较报告，并分析影响进度的程度，以便采取对策。

第二节　施工项目成本管理

一、成本管理的概念

　　园林古建筑施工项目成本是为完成施工项目所耗费的多项生产费用的总和。施工企业人成本包含施工成本和管理成本两个方面。成本管理就是要在保质保量和保证工期的前提下，采取组织、经济、技术、合同措施把成本控制在预测范围内，并深化追求最大程度的成本节约。它的主要任务是成本预测、成本计划、成本控制、成本进行分析和成本考核。施工项目成本的构成包括直接成本和间接成本。如图 6-2-1 所示，为园林古建筑工程的费用组成。

二、施工项目成本控制的原则

（一）全面控制原则

　　全面控制主要是包括全员成本控制和全过程成本控制两项内容。全员成本控制主要是发动全员进行项目成本控制。由于项目成本是一个综合的指标，它涉及到项目经理、各部门、专业分包、劳务分包等，都有成本控制责任。这就要求从事事处处进行项目成本控制，因此必须建立职、权、利相关的责任网络。

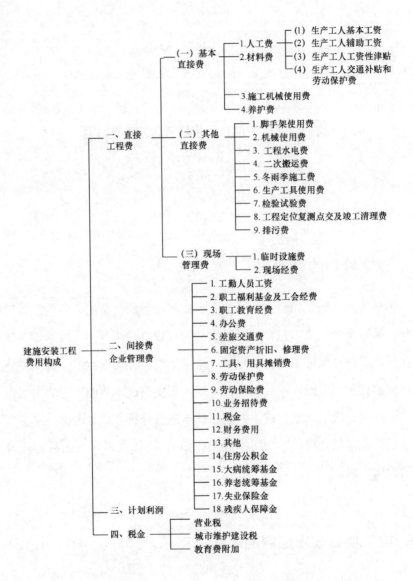

图 6-2-1　园林古建筑工程的费用组成

（二）动态控制原则

项目施工本身即为动态性，因此成本控制应重视事前成本预测、成本计划的编制，事中要进行成本目标管理，开展成本核算、成本分析，确保及时纠偏。特别是对"例外"的问题要及时处理，否则会影响成本管理的正常秩序。

（三）节约原则

提高经济效益的核心是人力、物力、财力消耗的节约，必须制定节约措施，强化限制和监督，抓住索赔，优化施工措施，提高生产效率，降低资源消耗，提高施工项目的科学管理水平。

三、施工项目成本控制方法

（一）计划控制

计划控制是项目实施过程中的重要措施。编制成本计划首先要总结经验，制定成本节约措施，根据其措施编制各项降低成本计划。施工过程的控制必须严格按照计划标准执行，即限制。

（二）预算控制

按照市场行情，进行估算确定承包分包价格，编制工程预算成本。一是预算成本包干，即一次包死预算成本金额；二是可调预算，即预算包干加洽商。

（三）会计控制

通过会计制度，以实际发生的经济业务及证明经济业务发生的合法凭证为依据，对成本进行核算与监督。会计控制具有系统性强、计算准确、政策性强的特点，是必备的成本控制方法。

（四）制度控制

制度是成本活动应遵循的方法、程序、要求。通过制定成本管理制度，做到人人有责、事事有规的原则。

四、施工项目成本控制的程序

如图 6-2-2 所示。

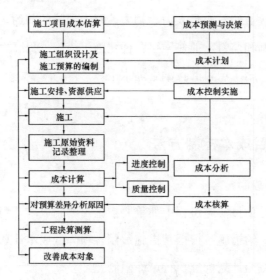

图 6-2-2　施工项目成本控制一般程序

五、施工项目成本控制的依据

施工项目成本控制的依据主要有：一是以工程投标文件和承包合同为依据，围绕降低成本目标，从预算收入及预测成本两方面分析，努力挖掘增收节支潜力；二是制定施工成本计划，它是根据预定的具体成本目标进行控制的措施和规划，是施工成本控制的指导文件；三是形象进度报告，它是提供每一阶段工程实际完成量、工程成本实际支付情况的重要信息，通过实际与计划的比较，找出偏差，从而采取措施改进以后的工作；四是工程变更，在项目实施过程中由于各种签证和变更、索赔而产生的成本变动。除了上述几种施工成本控制工作的主要依据以外，还有施工组织设计、分包合同、内部承包责任书等也都是施工成本控制的依据。

六、施工项目成本控制内容

（一）施工前期的成本控制

（1）根据工程的特征和招标文件，结合建筑市场和竞争对手的情况，成本管理部门进行成本预测，提出投标决策方案。

（2）中标后，应组建与项目规模特征相适应的项目经理部，以减少管理成本，以成本预测为依据确定项目的责任成本，并下达给项目部。

（3）根据设计图纸和设计条件，进行会审，制定经济合理科学可行的施工方案，制定降低成本的技术措施。

（4）根据企业下达的成本目标，项目经理以分部分项工程实物量为基础，联系劳动定额、材料消耗定额和技术措施节约计划，编制具体的成本控制计划。

（二）施工期间的成本控制

（1）制定落实检查成本责任制，执行检查成本控制计划，按照成本制定，严格控制成本费用。

（2）加强用工、材料、机械设备的管理，保证工期，保证质量，杜绝浪费，减少损失，重点施工任务单、考勤、材料进出单的结算资料管理，保证提供真实可靠的数据。

（3）重视工程合同索赔管理，及时办理增加签证，减少经济损失。

（4）加强经常性的分部分项工程成本核算分析以及月度成本核算分析，年度中间结算分析，及时反馈，纠正成本的不利偏差。

（5）通过深化和优化施工方法，改进施工工艺，优化工序，努力降低工程成本。

（三）竣工阶段、养护、保修期的成本控制

（1）精心安排，尽量缩短收尾工作事件，合理精简人员。

（2）重视竣工验收，及时整改验收意见，认真办理工程决算，不得遗漏变更、索赔、签证。

（3）在养护、保修期间，根据实际提出养护、保修计划，作为控制费用的依据。

七、施工项目成本控制方法

成本控制方法在实际的应用中，主要有以下几种：

（一）以施工图概预算控制成本支出

在施工项目的成本管理中，可按施工图预算，实行"以收定支"，这是最有效的方法之一。通过施工图预算对各项费用的构成进行分析，进入项目的各项资源用量和价格进行汇总，不仅为成本的计划提供参考，也为成本的控制提供依据。具体的处理方法如下：

1. 人工费的控制

用施工图预算用工总量控制用工的数量，以劳动定额为基础，确定用工总量、市场人工单价（或公司确定人工参考单价）来确定合同用工人工单价，以此来控制人工费的支出。

2. 材料费的控制

材料消耗数量用施工图预算分析消耗数来限制，通过"限额领料单"等去落实，其价格按当地的出厂价格来控制，主要材料由企业控制采购。由于材料市场价格变动频繁，往往会发生预算价格与市场价格严重背离而使采购成本失去控制的情况。因此，材料价格的控制必须从工程造价的计算、工程合同的签订抓起。要关注材料市场价格的变动，积累系统详实的市场信息，确定合理的材料价格，签订公正的合同条款。

3. 其他直接费的控制

根据直接费所包含内容，可以从施工图预算中分析出中小型机具费用等，以此来控制其他直接费所含各项费用的支出。

4. 现场管理费

根据现场管理费中临时和现场经费所含支出项目来控制这部分费用的支出。施工预算控制成本的支出与利用施工预算来控制用工数和材料消耗量的基本原理相似。施工预算可作为下发任务单和限额领料单的依据，并以此进行结算，按结算内容支付报酬。由于施工任务单和限额领料单能控制资源的消耗，也就等于控制了成本的费用。

（二）加强基础管理，控制成本支出

由于成本的控制贯穿于项目的始终，涉及到项目管理的方方面面。因而，要控制成本，必须加强基础管理工作。

（1）建立成本目标管理体系，增强项目经理部全员成本观念，使成本的管理落实到位。

（2）建立各种台账，实行监督控制。

根据日常成本核算控制需要，建立各种台账，实行有效的监督控制，确保降低成本目标的实现。一般应建立以下台账：①预算成本台账；②费用台账；③用工台账；④材料消耗台账；⑤机具施工台账。做到每天进出记载清楚。

（3）坚持现场管理标准化，堵塞浪费漏洞。

现场管理标准化的范围很广，比较突出而又需关注的有现场平面布置和现场安全生产管理。施工现场的平面布置，是根据工程特点和场地条件，以配合施工为前提合理安排的，有科学的把握。施工项目强化现场平面布置的管理，争创"文明工地"，有利于堵塞一切可能发生的漏洞。现场安全生产管理的目的，在于保护施工现场的人身安全和设备安全，减少和避免不必要的损失。要达到这个目的，就必须从现场标准化管理入手，切实做好预防工作。项目施工成本管理是一个系统工程，方法是企业全员全过程的管理，可分为三层次，即公司管理层、项目管理层、岗位管理层。

（三）实行业务系统化管理和业务循环，控制成本

实行业务系统化管理，有利于加强施工项目全过程管理的控制与服务，正确处理企业法人经理、业务经理、项目经理三者之间的责、权、利管理。在施工项目管理中，由于项目经理作为企业法人代表在工程项目上的全权委托人，集人、财、物权于一身，而项目经理由于管理水平、政策观点、知识结构等各有差异，工程项目又各有不同，致使在具体的工程项目管理中，非常需要既有能力、又有某一专业水平的业务人员为项目经理把关，监督工程项目管理的实施，保证项目管理沿着健康的方向发展，规范项目的各项管理，有效地控制项目的成本支出，提高项目管理的综合效益。因此，项目管理中需保证各子系统工作人员在各自的岗位上充分发挥项目管理人员的岗位职责，实现有效的控制和管理，实现全员项目管理目标责任制，如图 6-2-3 所示。

（四）合理划分成本指标，分解风险

项目管理目标确定后，由于企业内部市场和施工生产方式的两层分离，劳务承包方式的普遍采用实质上又对项目成本进行了切块划分，这有利于各自明确成本控制目标，加强成本管理。例如劳务承包方式中人工成本的支出，指的是可以对整个单位工程实施劳务承包，以合同的形式确定劳务承包费用的支出，以此来控制人工成本的支出。在劳务承包方式中要注意严格控制合同外人工成本支出，规范合同外签证，同时要使劳务承包与工程施工的质量、进度、安全、文明施工等指标挂钩，以免由于其他指标变化而增加整个成本的支出。

在内部市场管理中，项目经理部使用的材料由公司材料部门供应，这样，材料成本控制目标就进行了分解。由此需对分解后材料量、价目标实行针对性的有效控制。

1. 预算成本中有关材料量、价的计取

园林古建筑概算定额计取的成本，反映了施工企业的平均成本水平，

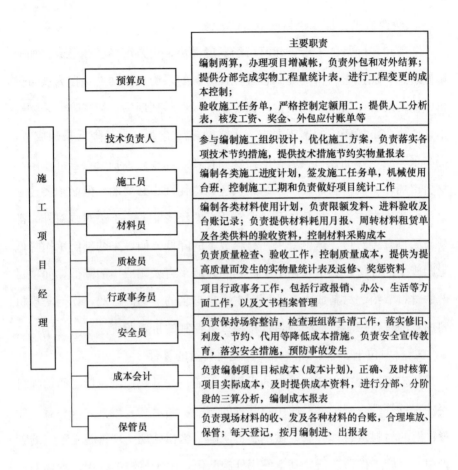

	主要职责
预算员	编制两算，办理项目增减帐，负责外包和对外结算；提供分部完成实物工程量统计表，进行工程变更的成本控制；验收施工任务单，严格控制定额用工；提供人工分析表，核发工资、奖金、外包应付账单等
技术负责人	参与编制施工组织设计，优化施工方案，负责落实各项技术节约措施，提供技术措施节约实物量报表
施工员	编制各类施工进度计划，签发施工任务单，机械使用台班，控制施工工期和负责做好项目统计工作
材料员	编制各类材料使用计划，负责限额发料、进料验收及台账记录；负责提供材料耗用月报、周转材料租赁单及各类供料的验收资料，控制材料采购成本
质检员	负责质量检查、验收工作，控制质量成本，提供为提高质量而发生的实物量统计表及返修、奖惩资料
行政事务员	项目行政事务工作，包括行政报销、办公、生活等方面工作，以及文书档案管理
安全员	负责保持场容整洁，检查班组落手清工作，落实修旧、利废、节约、代用等降低成本措施。负责安全宣传教育，落实安全措施，预防事故发生
成本会计	负责编制项目目标成本（成本计划），正确、及时核算项目实际成本，及时提供成本资料，进行分部、分阶段的三算分析，编制成本报表
保管员	负责现场材料的收、发及各种材料的台账，合理堆放、保管；每天登记，按月编制进、出报表

（左侧竖排：施工项目经理）

图 6-2-3　施工项目成本目标责任分解图

其定额中，材料的量、价构成为：① 定额量＝净用量＋损耗量＝净用量×（1＋损耗率）；② 预算价格＝原价＋供销部门手续费＋包装费＋运输费＋采购保管费＝供应价格＋运输费＋采购保管费，通常采购保管费为2％。

由此可见，项目中某项材料，其用量包括了净用量和损耗量，因此量的节约，主要是减少损耗。而对于园林古建筑工程结算，材料预算价格是依据市场供应价格而确定的，这就必将直接影响到企业内部材料管理机制的变革，其材料成本降低的成果主要反应在材料的价和量上的降低。

2. 转换机制，加强材料成本价的管理

随着市场经济的发展，建材市场发展很快，买方市场已经形成。如何转换观念，加强材料价的控制管理，在材料的采购上下功夫，在为项目供料中保时间、保数量、保质量、保配套、保送料到现场，切实降低采购成本，已成为市场经济的客观要求。大多数施工企业，为了降低采购成本，提高采购质量，加强材料成本的监督和管理，都建立了物资管理部或内部材料市场，实现材料的统一采购、供应，这无疑是必要的。但必须要建立以项目为成本中心的核算体系，要求所有的经济业务，不论对内对外，都要与项目直接对口。这就要求在材料成本的降低方面，采购部门承担降低采购成本的责任，其给公司上交的利润只能来自采购成本的降低，而项目部的材料节约、材料成本降低额则主要来自量的节约。因此，如何实现材料用量的有效控制，成为项目部材料成本控制的重要职责。

3. 材料包干、管、用一体，强化材料量的管理

施工项目管理中要使材料的质量有保证、数量能控制，就必须加强材料的现场管理。根据材料使用与管理的实际，制定"看得见、摸得着、能操作"的材料量管理办法，做到职责明确、奖罚兑现。现行施工项目的管理中，其施工作业队伍，基本使用外施队伍。由于材料的领用、现场的管理、施工的质量、材料的回收等都直接与外施队伍有关，这就要求建立合理的机制。现场材料"量"（即质量和数量）的管理，要调动项目部材料人员和外施队伍两方的积极性，按施工预算用量控制现场实际用量，实行材料用量包干，签订材料节超奖罚合同，按节、超材料用量的预算价格和合同确定的奖罚比例及时兑现。这种做法可以划清职责，调动各方积极性，减少材料签收与使用中"量"上的漏洞，有利于节约用量，方便施工，减少建筑垃圾，创造文明施工现场。

（五）加强管理，控制其他目标成本

在施工项目管理中，成本是项目质量、进度、安全、文明施工等目标

经济效果的综合反映，其他目标每一项管理内容的实施，都影响着项目成本的支出。

质量对成本的影响也称质量成本，它是指项目为保证和提高产品质量而支出的一切费用，以及未达到质量标准需返工而产生的一切损失费用之和。质量成本包括两个主要方面：控制成本和故障成本。控制成本包括预防成本和鉴定成本，属于质量保证费用，与质量水平成正比关系，即工程质量越高，鉴定成本和预防成本就越大；故障成本包括内部故障成本和外部故障成本，属于损失性费用，与质量水平成反比关系，即工程质量越高，故障成本就越低。

进度对成本的影响是指优化进度，可以降低成本；提高进度，为采取相应措施而使工效降低等会提高成本，进度缓慢、工作效率不高，也会增大管理费用等，从而增加成本。

（六）应用成本控制的财务方法，控制项目成本

应用成本控制的财务方法，建立以项目为成本中心的核算体系，控制项目的成本，即所有的经济业务，不论是对内或对外，都要与项目直接对口。例如，建立项目月度财务收支计划制度，以用款计划控制成本费用的支出，即以月度施工作业计划为龙头，以月度计划产值为当月财务收入计划，编制出完成作业计划的用款计划并经项目经理审批。在月度收支计划执行过程中，应做好实际用款记录，反馈给各部门，由各部门自行检查分析节超原因，总结经验，吸取教训，对于节超幅度较大的部门，要分析原因，以便采取针对性的措施。

（七）利用会计凭证，控制项目成本

利用会计的凭证、账目等控制成本即会计控制。它是通过会计核算与会计监督等对经济活动施加影响，使其达到预期目的的管理活动。施工项目成本的会计控制，一般包括两个方面：

1. 凭证控制

凭证，亦称"会计凭证"，是用来记录经济业务，明确经济责任，并据以登记账簿的书面证明。通过凭证，可以检查每项经济业务是否符合党和国家的方针政策、制度、计划的规定；有无铺张浪费、营私舞弊、损害社会主义财产的行为和违反财经纪律的现象；可以及时发现经济管理上存在的问题和管理制度上存在的漏洞，从而严肃财经纪律，发挥会计的监督作用。

2. 账目控制

为了连续系统地登记经济业务，反映经济活动及其结果，需要设置账簿，为经营管理提供系统、完整的会计核算资料，控制费用项目的支出，使单位成本总额不致突破，也可以控制各个成本明细项目的支出。

以上施工项目成本的控制方法，不可能也没有必要在一个工程项目中全部同时使用，可由各工程项目经理部根据项目管理的具体情况和客观需要，使用其中有针对性的方法。在选用控制方法时，应该充分考虑与各项目施工管理工作相结合，利用各业务管理所取得的资料进行成本控制，做到项目信息资源的充分利用，不仅省时省力，还能帮助各业务管理部门落实成本责任，从而得到各部门的有力配合和支持。

八、降低施工项目成本的途径

降低施工项目成本的途径，应该是既开源又节流，采取积极的措施，降低成本。降低施工项目的成本，主要有以下几个方面：

（一）认真审查设计图、材料工艺说明书

在园林古建筑项目施工过程中，施工单位必须按设计图纸、用户的要求，考虑施工工艺要求制定切实可行的施工方案。由于设计图纸很少考虑为施工单位施工提供方便，因此，施工单位应该在满足用户要求和工程质量的前提下，认真审查图纸和材料工艺说明书，积极提出修改意见，经用户和设计单位同意后，修改设计图纸，同时办理增减账。

（二）加强合同预算管理，增创工程预算收入

（1）深入研究招标文件和投标策略，正确编制施工图概预算，在此基础上，充分考虑可能发生的成本费用，正确编制施工图概预算。凡是政策规定允许的，要做到不少算、不漏项，以保证项目的预算投入。但不能将项目管理不善造成的损失也列入施工图概预算，更不能允许违反政策向业主高估冒算或乱收费。

（2）加强合同管理，及时办理增减账和进行索赔。由于设计、施工和业主使用要求等各种原因，在装饰施工项目中经常会发生工程、材料选用变更，也必然会带来工程内容的增减和施工工序的改变，从而影响成本费用的支出。这就要求项目承包方要加强合同的管理，要利用合同赋予的权力，开展索赔工作，及时办理增减账手续，通过工程款结算从业主那里得到补偿。

（三）加强管理，提高工程质量，降低成本

（1）加强技术管理，研究推广新技术、新工艺、新材料及其他降低成本的技术措施，降低项目成本，提高经济效益。

（2）加强技术质量检验制度，减少返工带来的成本支出。

（3）加强施工管理，正确选择施工方案，合理布置施工现场，不断提高施工管理水平。

（4）组织均衡施工，搞好现场调度和协调配合。加快进度，有些费用会有节约，如项目管理人员工资和办公费、施工机械和机具租赁费等。但加快进度，也会增加一定的成本支出，如夜间施工照明费、工效降低损失等，这部分费用应从业主方得到补偿。

（5）在项目管理中，应积极采用量本利分析、价值工程、全面质量管理等降低成本的新管理技术。

（四）加强劳动工资管理，以高劳动生产率

（1）改善劳动组织，优化配置、合理使用劳动力，减少窝工浪费。

（2）执行劳动定额，实行合理的工资和奖励制度。

（3）加强技术培训，提高工人文化技术水平和操作技能。

（4）严格劳动纪律，提高工作效率，压缩非生产用工和辅助用工，严格控制非生产人员的比例。

（5）加强劳务承包方式管理，严格规范合同外增加签工。

（五）加强机具管理，提高机具使用率

（1）正确选配和合理租赁机具设备。

（2）降低租赁机具单价。

（3）搞好机具保养，提高租赁期间机具的完好率、利用率和使用效率。

（六）加强材料管理，节约材料费用

（1）加强材料采购、运输、收发、保管等工作，减少各环节的损耗，节约采购费用。

（2）加强现场材料管理，组织分批进场，减少搬运。

（3）对现场材料的数量、质量要严格签收，实行材料的限额领料。

（4）推广使用新技术、新工艺、新材料。

（5）制定并贯彻节约材料措施，合理使用材料，扩大代用材料、修旧利废和废料回收。

（七）加强费用管理，节约管理费用

（1）根据项目需要，配备精干高效的项目管理班子。

（2）控制各项费用支出和非生产性开支。

（八）用好用活激励机制，调动职工增产节约的积极性

用好用活激励机制，从项目施工的实际情况出发，树立成本意识，划分成本控制目标，节约有奖，超额受罚。

九、成本核算

施工项目成本的核算是以会计核算为主导，它是按照规定的成本开支范围对施工费用的支出进行归集、分配和项目成本形式的核算。成本核算的划分可以按照承包工程项目的规模、工期、结构类型、施工组织和施工现场的实际情况结合成本管理要求，进行灵活划分成本核算对象，如单位工程、分部分项、专业工种等不同的形式。从费用的类别上可以划分为直接成本和间接成本。核算方法主要是以施工项目为核算对象，核算施工项目的全部预算成本、计划成本和实际成本，以基础资料为依据，坚持遵循成本核算的主要程序，正确计算成本和盈亏。

十、成本考核

成本考核是指项目部在施工项目完成后，公司对施工项目成本形成中的各责任者，按照约定的条件，将成本的实际指标与计划、预算进行对比和考核，评定责任人的业绩，并以此作为奖罚的依据。考核的主要内容：一是公司对项目经理进行考核，二是项目经理对所属各岗位责任人进行考核。考核的方法主要结合企业项目管理办法及项目管理责任书中的内容约定。由于项目的周期因素，也可以采用月度考核、阶段考核和竣工考核。由于月度考核和阶段成本考核均属假设性的，因而实施奖罚应留有余地，待项目全部竣工后，工程决算完善了再进行调整。

第三节　施工项目质量控制

　　施工质量的控制目标是贯彻执行工程质量的法律法规和强制性标准，正确配置施工生产要素和采用科学管理的方法，实现工程项目预期的使用功能和质量标准。施工企业的质量控制目标是通过施工全过程的全面质量自控，保证交付满足施工合同及设计文件所规定的质量标准的项目产品。

一、质量管理组织机构及职责

　　（一）质量管理组织机构

　　项目质量管理应遵循企业建立的 ISO 国际标准质量管理体系的要求。项目经理部应建立符合企业质量管理体系的组织机构。企业法人代表是企业质量最高负责人，项目经理是本工程实施的最高负责人，对工程设计、验收规范、标准要求负责，对各阶段按期合格交付负责。项目经理委托项目副经理（技术负责人）对工程质量计划和质量文件实施以及日常的质量活动开展工作，建立企业、项目部的各级管理网络。

　　（二）质量责任制

　　质量责任制是明确施工项目的每一员工在质量活动中的责、权、利。通过建立质量责任制把质量工作落实到各部门、各个岗位，使质量工作事事有人管、人人有专责、事事有标准、工作有检查、检查有考核。施工项目质量责任制主要内容有：

（1）质量责任规定，项目经理要对现场内所有单位工程负责；项目副经理（技术负责人）负责日常质量活动；管理人员和关键工种必须经考核取得岗位证书后，方可上岗；专业分包对分包工程的质量负责；总承包单位对全部工程的质量负责。凡达不到合格标准的工程，必须进行返修，确保结构安全和满足使用功能方可交工。

（2）施工项目经理责任制。施工项目经理是质量管理的领导者和组织者，他的工作对保证工程质量、提高工作质量起决定性作用。其职责包括：① 对参加本项目施工的职工进行管理教育；② 领导本项目施工的员工贯彻执行国家和企业的质量保证的规定、规程、制度和措施，并进行检查；③ 组织本项目开展质量自检、互检和交接检和质量网活动，支持专职质量人员的工作，组织领导质量分析会议，对重大质量问题组织攻关；④ 对于在质量管控中作出贡献者，给予物质上和精神上的奖励，对违反责任制的规定或造成事故者要予以适当的惩罚。

（3）质量管理制度：项目经理部应根据国家规范及企业有关规定，对项目质量管理制度进行深化，建立质量管理制度体系。至少应包括：创优工作制度、生产例会制度、方案管理制度、样板制度、技术交底制度、计量管理制度、QC 小组活动制度、检查验收制度、问责制度及奖惩制度等。

二、质量控制的依据

施工项目质量控制的依据包括技术标准和管理标准。技术标准包括工程设计图纸及说明书、国家规范、国家质量检验评定标准、各地区及企业自身的技术标准和规程；合同中规定采用的有关技术标准及有关质量的法律规范。管理标准还包括：GB/T 1900—ISO 9000 质量系列标准，一般施工企业选用的标准为 GB/T 1900—ISO 9002《质量体系—生产和安装的质量保证模式》；企业主管部门的有关质量工作的规定；本企业的质量管理制度及有关质量工作的规定；项目经理部与企业签订的合同及企业与业主签订的合同，施工组织设计，企业的质量手册、程序文件、作业指导书等。

三、质量管理计划

施工项目质量计划是指确定施工项目的质量目标和如何达到质量目标所规定必要的作业过程，专门的质量措施和资源等工作。施工项目质量管理计划由项目经理主持编制。质量计划作为对外质量保证和对内质量控制的依据文件，应体现施工项目从分项工程、分部工程到单位工程的过程控制。同时也要体现从资源投入到完成工程质量最终检验和试验的全过程控制。

（1）编制质量计划的主要内容：项目概况、质量目标、组织网络、质量控制及管理组织系统的描述，必要的质量控制手段，施工过程服务、检验和试验程序及与其相关的支持性文件，确定关键过程和特殊过程及作业指导书，与施工阶段相适应的检验、试验、测量、验收要求、更改和完善质量计划的程序。

（2）施工项目质量计划编制的依据：工程承包合同、设计文件、施工企业的《质量手册》及相关的程序文件、施工操作规程及作业指导书、各专业工程的施工质量验收规范、工程质量评定标准以及相关联的法律法规和强制性标准。

四、施工项目质量过程控制

施工项目的质量控制过程是一个复杂系统工程，应按照该系统的进展进行分解。

（一）建立项目质量组织体系，施工准备质量控制（事前控制）

施工准备质量控制是指正式施工前进行的质量控制，一般有技术准备、物资准备、组织准备、施工现场准备，主要包括以下具体工作内容。

（1）落实施工准备质量责任制度。

（2）复核审查工程定位放线，包括控制点、水准点和标桩，会同有关部门完成图纸会审和技术交底工作。

（3）按照总施工组织设计编制施工组织方案，对施工组织设计要求进行两个方面的控制：一是选定施工方案后，制定施工进度时，必须考虑施工顺序、施工流向、主要分部分项工程的施工方法、特殊项目的施工方法和技术措施能否保证工程质量；二是制定施工方案时，必须进行技术经济比较，使建筑工程满足实用性、有效性和可靠性质量，以达到施工工期短、成本低、安全生产、效益好的经济质量的目的。

（4）检查"七通一平"，进行现场平面布置是否符合质量和施工使用要求。

（5）检查机械设备及检验检测设备器材等的质量情况能否进入正常工作运转状态，必要时要进行校验。

（6）核实原材料、构配件产品合格证书，以及进行材料进场质量检验的计划工作；

（7）检查操作人员是否具备相应的操作技术素质，能否进入正常作业状态；劳动力的调配，工种间的搭接，能否为后续工程创造合理的、足够的工作面。

（二）施工过程质量控制（事中控制）

施工过程质量控制是施工项目质量控制的重点。其控制策略为：全面控制施工过程，重点控制工序质量。其具体措施是工序交接有检查，质量预控有对策，施工项目有方案，技术措施有交底，图纸会审有记录，配制材料有试验，隐蔽工程有验收，计量器具校正有复核，设计变更有手续，材料替换有制度，质量处理有复查，成品保护有措施，行使质控有否决（如发现质量不合格品、隐蔽工程未经验收、擅自变更设计图纸、擅自代换或使用不合格材料、未经资质审查的无证上岗操作人员等，均应对质量予以否决），质量文件有档案（凡是与质量有关的技术文件，如水准、坐标位置、测量、放线记录、沉降、变形观测记录、图纸会审记录、材料合格证明、试验报告、施工记录、隐蔽工程记录、设计变更记录、调试、试压运行记录、试车运转记录、竣工图等，都要编目建档）。事中控制的核心是保证施工项目质量一次交验合格的重要环节，没有正确的作业自控和监控能力，施工质量也难以得到保证。

（三）竣工验收质量控制（事后控制）

竣工验收质量控制是指在完成施工过程形成产品后的质量控制，其具体工作内容有：

（1）组织项目的各种设备的调试。

（2）准备竣工验收资料，组织自检和初步验收。

（3）按规定的质量评定标准，对完成的分项工程、分部工程、单位工程进行质量评定。

（4）组织竣工验收，编制竣工验收时的文件，做好工程移交准备。

施工准备质量控制、过程质量控制和竣工验收质量控制是一个有机的系统过程，它们交互作用并推动施工质量控制系统的运行，其控制的总体程序及各自在控制中的地位、作用如图 6-3-1 所示。

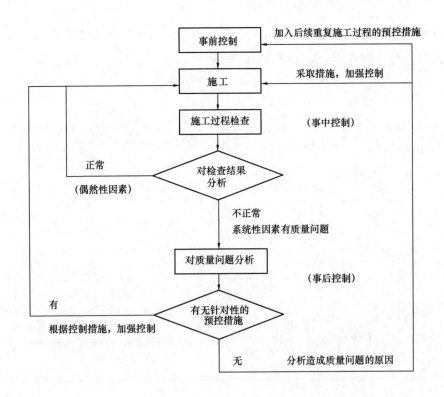

图 6-3-1 施工质量控制图

五、施工现场质量管理的环节

施工现场质量管理的环节主要有：三检制（自检、互检、交接检），未施工前所进行的预先检查的技术复检，在实际过程中的某些技术问题或者改进建议，材料代核，外加剂，工艺参数等提出技术核定和设计变更，级配管，分部、分项工程和隐蔽工程的质量检查，以及成品保护的相关环节。

六、工程质量的考核方法

工程质量的主要考核方法有：排列图法（图 6-3-2）、因果分析图法

（图 6-3-3）、直方图法（图 6-3-4）、控制图法（图 6-3-5）及散布图法、分层法、统计调查法。最常用的是前四法。

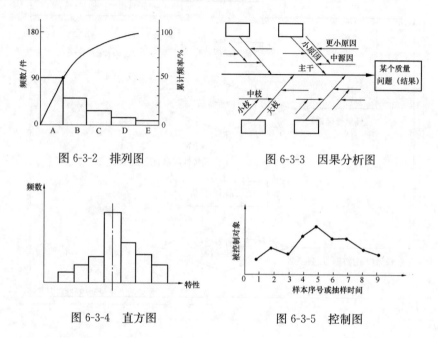

图 6-3-2　排列图　　　　　　　图 6-3-3　因果分析图

图 6-3-4　直方图　　　　　　　图 6-3-5　控制图

七、项目质量控制要点

（一）材料质量控制要点

材料（含构配件）是工程施工的物质条件，没有材料，就无法施工。材料的质量是工程质量的基础，材料质量不符合要求，工程质量也就不可能符合标准。所以加强材料的质量控制，是提高工程质量的重要保证，也是创造正常施工条件的前提。材料质量控制的要点如下：

（1）掌握材料信息，优选供货厂家。

（2）合理组织材料供应，确保施工正常进行。

（3）合理地组织材料使用，减少材料的损失。

（4）加强材料检查验收，严把材料质量关。

（5）要重视材料的使用认证，以防错用或使用不合格材料。

（二）施工方案的质量控制要点

施工方案正确与否，是直接影响施工项目质量、进度和成本的关键，往往由于施工方案考虑不周而拖延工期、影响质量、增加投资。为此，在制定施工方案时，必须结合工程实际，从技术、组织、管理、经济等方面进行全面分析、综合考虑，以确保施工方案在技术上可行，有利于提高工程质量；在经济上合理，有利于降低工程成本。

（三）工序质量控制要点

工序质量是施工质量的基础，工序质量也是施工顺利进行的关键。为达到对工序质量控制的效果，在工序管理方面应做到：

（1）贯彻预防为主的基本要求，设置工序质量检查点，对材料质量状况、工具设备状况、施工程序、关键操作、安全条件、新材料新工艺应用、常见质量通病，甚至包括操作者的行为等影响因素列为控制点作为重点检查项目进行预控。

（2）落实工序操作质量巡查、抽查及重要部位跟踪检查等方法，及时掌握施工质量总体状况。

（3）对工序产品、分项工程的检查应按标准要求进行目测、实测及抽样试验的程序，做好原始记录。经数据分析后，及时作出合格及不合格判断。

（4）对合格工序产品应及时提交监理进行隐蔽工程验收；

（5）完善管理过程的各项检查记录、检测资料及验收资料，作为工程质量验收的依据，并为工程质量分析提供可追溯的依据。

（四）成品保护措施

加强成品保护，首先要教育全体职工树立质量观念，自觉爱护公物，有强烈的责任心，尊重他人和自己的劳动成果。施工操作时，珍惜已完成的和部分完成的成品。其次，要合理安排施工顺序，采取行之有效的成品保护措施。成品保护的措施有护、包、盖、封以及其他措施。

八、质量评定程序和组织

分项工程质量应在作业班组自检的基础上，由项目（专业）技术负责人组织评定。分部工程质量评定由项目负责人组织项目技术负责人、专业工长、专业质量检查员进行评定（其中，地基、基础、主体结构等隐蔽工程，应按验收程序组织验收评定）。单位工程完工后，由项目负责人组织有关部门及分包单位项目负责人进行评定，并报企业质量技术主管部门，企业的技术质量主管部门组织有关部门对工程进行核定。

九、工程竣工验收

由施工单位向建设单位发出竣工报告，建设单位接到报告后，组织设计、监理、施工方进行初验。初验整改后，由建设单位组织复验，并由县级以上地方人民政府建设行政主管部门的工程质量监督机构对工程竣工验收实施监督，并形成竣工验收报告。

第四节　施工项目安全控制

一、园林古建筑工程项目安全管理概述

安全生产长期以来一直是我国的一项基本方针，是保护劳动者安全健

康和发展生产力的重要工作，必须贯彻执行。1963 年《国务院关于加强企业生产工作中的几项规定》发布以来，目前比较成熟的安全生产管理制度有：安全生产责任制、安全措施计划制度、安全教育制度、伤亡事故职业统计报告和处理制度、安全检查制度等。1993 年《国务院关于加强安全生产工作的通知》中提出"企业负责、行业管理、国家监察、劳动者遵章守纪"的安全生产管理体制。2001 年，我国发布了 GB/T 28001—2001《职业健康安全管理体系规范》，该体系标准覆盖了 OHSAS18001：1999《职业健康安全管理体系规范》的所有技术内容，并考虑了当时国际上有关职业健康安全管理体系的文件的技术内容。2003 年，国务院令第 393号《建设工程安全生产管理条例》明确了建设工程安全生产管理必须坚持"安全第一、预防为主"的方针。坚持管生产必须管安全，必须明确安全的目的性，必须贯彻预防为主的方针，坚持生产过程中全员、全过程、全方位、全天候的动态安全管理。安全管理重在控制，不断提高安全管理水平的原则，在法律法规的指导下，坚持安全生产责任制度、安全技术措施计划制度、安全生产教育制度、安全生产的定期检查制度、伤亡事故的调查和处理制度。项目部应当建立安全管理体系和安全生产责任制，安全员应持证上岗，保证项目安全目标的实现，项目经理是项目安全生产的总负责人。安全生产工作有道是"安全生产，以人为本"。

二、园林古建筑工程项目安全控制程序

施工项目安全管理应遵循以下原则：确定安全目标、编制项目安全保证计划、项目安全计划实施、项目安全保证计划验证、持续改进、兑现合同承诺。

三、园林古建筑工程项目安全控制体系

（一）安全保证计划

一是项目经理部应根据项目施工安全目标的要求配置必要的资源，确保施工安全，保证目标的实现。专业性较强的施工项目，应编制专项安全施工组织设计并采取安全技术措施。二是项目安全保证计划应在项目开工前编制，经项目经理审批后实施。

（二）项目安全保证计划书编制的内容及要点

（1）项目安全保证计划的内容主要有：工程概况、控制程序、控制目标、组织结构、职责权限、规章制度、资源配置、安全措施、检查评价、奖惩制度等。

（2）项目部应根据工程特点、施工方法、施工程序、安全的法律法规及相关要求，采取可靠的技术措施，排除安全隐患，保证施工安全。

（3）对现场及结构复杂、施工难度大、专业性较强的项目，除制定项目安全技术总体安全保证计划外，还必须制定单位工程、分部工程、分项工程的安全施工措施。

（4）安全技术措施应包括：防火、防毒、防尘、防雷击、防触电、防沉降、防塌方、防物体打击、防机械伤害、防寒、防环境污染等措施。

（三）安全保证计划的实施

要明确项目经理、安全员、班组长、劳动者的安全职责。把安全责任目标分解到岗，落实到人。同时，广泛开展安全生产的宣传教育，牢固树立安全第一的思想，自觉地遵守各项安全法律法规和规章制度。

（1）项目经理安全职责：认真贯彻安全生产方针、政策、法规和各项规章制度，制定和执行安全生产管理办法，严格执行安全考核指标和安全生产奖惩方法，严格执行技术措施审批和施工技术安全措施交底制度；定

期组织安全生产检查和分析，针对可能产生的安全隐患制定相应的预防措施；当施工过程中发生安全事故时，项目经理必须按安全事故处理的有关规定和程序及时上报和处理，并制定防止同类事故再次发生的措施。

（2）安全员职责：向作业人员进行安全技术措施交底，组织实施安全技术措施；对施工现场安全防护装置进行验收；对作业人员进行安全操作规程培训，提高作业人员的安全意识，避免产生安全隐患；当发生重大或恶性工伤事故时，应保护现场，立即上报并参与事故的调查处理。

（3）班组长安全职责：安排施工生产任务时，向本工种作业人员进行安全措施交底；严格执行本工种安全技术操作规程，拒绝违章指挥；作业前应对本次作业所使用的机具、设备、防护用具及作业环境进行安全检查，消除安全隐患，检查安全标牌是否按规定设置，标识方法和内容是否正确完整；组织班组开展安全活动，召开上岗前的安全生产会；每周应进行安全讲评。

（4）员工安全责任：认真学习并严格执行安全技术操作规程，不违规作业；自觉遵守安全生产规章制度，执行安全技术交底和有关安全生产的规定；服从安全监督人员的指导，积极参加安全活动；爱护安全设施；正确使用防护用具；对不按规定作业提出意见，拒绝违章指挥。

（5）施工中发生安全事故时，项目经理必须按国务院安全行政主管部门的规定及时报告并协助有关人员进行处理。

（四）安全检查

（1）项目经理应组织项目经理部定期对安全控制计划的执行情况进行检查考核和评价。

（2）项目经理部应根据施工过程的特点和安全目标的要求，确定安全检查的内容。

（3）项目经理部安全检查应配备必要的设备或器具，确定检查负责人和检查人员，并明确检查内容和要求。

（4）项目经理部安全检查应采取随机抽样、现场观察、实地检测相结合的方法，并记录检查结果。

（5）安全检查人员应对检查结果进行分析，找出安全隐患部位，确定危险程度。

（6）项目经理应编写安全检查报告。

（五）施工项目安全隐患和安全事故处理

（1）安全隐患处理应符合下列规定：① 项目经理部应区别"通病"、"顽症"、首次出现、不可抗力等类型，修订和完善安全整改措施。② 项目经理部应对检查出的隐患立即发出安全隐患整改通知单。受检单位应对安全隐患原因进行分析，制定纠正和预防措施。纠正和预防措施应经检查单位负责人批准后实施。③ 安全检查人员对检查出的违章指挥和违章作业行为向责任人当场指出，限期纠正。④ 安全员对纠正和预防措施的实施过程和实施效果应进行跟踪检查，保存验证记录。

（2）项目经理部进行安全事故处理应符合下列规定：① 安全事故处理必须坚持"事故原因不清楚不放过，事故责任者和员工没有受到教育不放过，事故责任者没有处理不放过，没有指定防范措施不放过"的原则。② 安全事故应按以下程序进行处理：第一，报告安全事故。安全事故发生后，受伤者或最先发现事故的人员应立即用最快的传递手段，将发生事故的时间、地点、伤亡人数、事故原因等情况，上报至企业安全管理部门。企业安全管理部门视事故造成的伤亡人数或直接经济损失情况，按规定向政府主管部门报告。第二，事故处理。抢救伤员、排除险情、防止事故蔓延扩大，做好标识，保护好现场。第三，事故调查。项目经理应指定技术、安全、质量等部门的人员，会同企业工会代表组成调查组，开展调查。第四，调查报告。调查组应把事故发生的经过、原因、性质、损失责任、处理意见、纠正和预防措施撰写成调查报告，并经调查组全体人员签字确认后报企业安全管理部门。

（六）安全技术交底的实施

应符合以下规定：

（1）单位工程开工前，项目经理部的技术负责人必须将工程概况、施工方法、施工工艺、施工程序、安全技术措施，向承担施工的作业队负责人、工长、班组长和相关人员进行交底。

（2）结构复杂的分部分项工程施工前，项目经理部的技术负责人应有针对性地进行全面、详细的安全技术交底。

（3）项目经理部应保存双方签字确认的安全技术交底记录。

（七）安全教育培训

项目经理部要宣传国家和当地政府的安全生产方针、政策，安全生产法律、法规，部门规章制度和安全纪律，进行安全事故分析和处理案例分析。同时，还要根据承担的任务特点，进行施工安全基本知识、安全生产制度、相关工种的安全技术操作规程、机械设备、电气、高空作业等安全基本知识的培训。

（1）安全员安全教育内容包括：了解所承担施工任务的特点，学习施工安全基本知识、安全生产制度及相关工种的安全技术操作规程；学习机械设备和电器使用、高处作业等安全基本知识；学习防火、防毒、防爆、防洪、防尘、防雷击、防触电、防高空坠落、防物体打击、防坍塌、防机械伤害等知识及紧急安全救护知识；了解安全防护用品方法标准，防护用具、用品使用基本知识。

（2）专业工种安全教育内容包括：了解本专业作业特点，学习安全操作规程、安全生产制度及纪律；学习正确使用安全防护装置（设施）及个人劳动防护用品知识；了解专业作业中的不安全因素及防范对策、作业环境及所使用的机具安全要求。

（八）施工项目安全控制的持续改进和兑现合同承诺

园林古建筑工程项目竣工后要及时提交安全控制总结报告，认真总结施工过程中的安全控制经验、不足，为以后的工作积累经验，同时也要兑现合同中关于安全事故的奖惩承诺。

（九）在依法用工（须签订用工合同，购买养老、工伤保险）、防止纷争的同时，办理施工现场人员的保险，购买建筑工程意外伤害保险，以防范安全事故的发生，避免巨大的经济损失。

第七章

园林古建筑工程其他要素管理

第一节　施工项目资源管理

为了保证施工的正常开展，工程项目能达到合同的质量、进度、安全、成本等要求，要加强对施工项目的资源管理。资源管理的主要内容包括人力资源管理、机具脚手管理、资金管理以及项目的施工现场管理。

一、劳动力管理

园林古建筑劳动力管理是项目经理部把参加施工项目生产活动的人员作为生产要素，对其所进行的管理工作。其核心是按照施工项目的特点和目标要求，合理地组织、高效率地施工和管理劳动力，培养提高劳动者素质，激发劳动者的积极性和创造性，提高劳动生产率，全面完成施工任务，努力降低施工成本。

（一）劳动力管理组织形式

园林古建筑工程的劳务管理不能按照《国家建筑施工企业劳务管理规定》执行，主要是其专业性很强，需要有一些与本企业密切相关的高级技术工种工人，才能保证其艺术和质量效果。其余劳动力由企业或项目部向劳务公司招募，建立自己稳固的劳务基地，应当采用专业承包和一般劳务的工种混合组织形式进行施工。

（二）劳动力使用计划

项目部应当根据项目施工组织设计的要求绘制劳动力投入图，使劳动力配置合适，结构合理，素质匹配，协调一致，以合理配置专业队伍和外购劳务队伍的比例，应有计划、有方案，满足项目要求。在企业劳动管理部门的统一管理下，项目部可在企业法定代表人授权下与专业的劳务分包公司签订劳务分包合同。其劳动合同应包括作业任务，劳动力人数，进场要求和进、退场时间，双方的责任，劳务费用的结算方式，奖励与处罚条款，以及法律上的相关约定等内容。

（三）劳动力配置要点

根据所承包的项目劳动力需要的数量，按其施工进度计划和工种需要数量进行配置。因此，成本管理部门必须审核施工进度计划和其劳动力需要计划。每个施工项目劳动力总量，应按企业的工程项目劳动生产率进行控制，配置时应注意工种的组合方法，一是资源组合，二是招标组合，三是切块组合。

（四）劳动力过程管理

一是内部成本控制。一般专业作业队伍采取计件定额，可以分加工厂和现场加工两种形式。劳务承包队伍采用劳动定额、计件、计时相结合的方式，跟踪平衡施工现场的劳动力，进行劳动力补充与减员，在施工任务书中明确费用支付和奖罚，明确实施程序和责任人。二是劳动纪律及规章制度要明示，劳动保护、安全卫生需建立责任制，明确具体工作程序。三是制定劳动力的教育、培训和思想工作计划。

（五）考核

考核是通过合理的评价系统，对员工的思想、品德、工作能力、工作成绩、工作态度、业务水平及身体状况等进行评价。日常考核的重点是工作成绩、工作态度、工作能力，但以工作成绩为主。考核的同时要进行奖罚，一般为人员行为的激励（奖励）和控制（惩罚），是同一问题的两个方面。对员工的奖励与处罚应贯彻奖罚组合，以奖为主、以罚为辅的原则。奖罚要坚持制度化，以考核为依据，精神奖励和物质奖励相结合，奖罚及时，奖罚适度。

（六）培训

施工企业缺少有知识、有技能、适应现代建筑业发展需求的新型劳动者和经营管理者，而使现有劳动力具有这样的文化水平和技术数量的唯一途径是全面开展员工培训。通过培训达到预定的目标和水平，并经过一定考核取得相应的技术熟练程度和文化水平。项目劳动力的培训方式主要有，一是正常的工种技能培训，二是对所在项目的专业培训（如新工艺、新材料、操作规程、工序交叉等），三是通过开展技工比赛提升技能。项目部应编制培训实施计划，要制定培训的教案，同时对培训工作有效性进行检验，要对每项培训、考试和考核及其结果做好记录，建立员工培训档案，使之成为对员工评价定级、晋升、调资、奖励的依据之一。

二、材料管理

园林古建筑工程的材料管理是项目经理部为顺利完成项目施工任务，合理施工和节约用料，努力降低采购成本和现场消耗所进行的材料计划，涉及采购、运输、现场保管、供应、加工、使用回收等一系列的组织和管理工作。施工过程是材料消耗过程，施工过程中材料管理工作的中心任务是保证施工用料，妥善保管进场材料，合理使用各种材料，降低消耗，实现管理目标。管理工作主要有以下几个方面：

（一）材料供应

项目部根据工程项目范围、技术要求、工期计划等列出材料的使用计划。材料供应部门通过市场调查，考虑材料规格、质量、价格、供应能力、地点等综合因素来进行订货。根据园林古建筑工程的特点，材料供应机制主要有，一是主要材料采购供应集中在法人层次上，材料部门是卖方，项目管理层是买方，各自的权限和利益通过机制进行调节。零星材料的采购由项目部自行采购，企业项目管理部门进行监督审核。主要材料和零星材料的品种及采购方案需在"项目经理目标责任书"中约定。

（二）现场管理

园林古建筑项目的现场材料管理，是指材料从进入施工现场到施工结束清理现场为止全过程所进行的材料管理。其内容包括：

（1）材料的进场验收。应当按照工程进度计划组织材料分期分批进场，既要保证需要，又要防止过多占用存储场地，更不能形成大批工程剩余材料。对进场材料按照品种、规格、数量、质量要求进行严格检查验收，并按规定办理验收手续。对不符合计划要求或质量不合格的材料应拒绝验收。

（2）材料的存储与保管。加强现场平面管理，根据园林古建筑工程项目不同进行阶段材料供应品种和数量的变化，调整存放场地，在安全可靠的前提下，尽量减少二次搬运。要保持存料场整齐清洁，各种进场材料、构件要按照施工总平面图堆放整齐，并经常清理、检查。材料仓库的选址应有利于材料的进出和存放，符合防火、防雨、防盗、防风和防质变的要求。各种材料要按照其自然属性进行合理堆放，明确保管责任，采取有效的措施进行保护。易燃易爆的材料应专门存放，专人保管，并有严格的防火、防爆措施；有防湿防潮要求的材料应采取防湿防潮措施，并做好标识；有保质期的材料应定期检查，防止过期并做好标识。

（3）材料的发放。凡有定额的工程用料，凭限额领料单领发材料；施工设施用料也实行定额发料制度，以设施用料计划进行总控制；超限额的用料，用料前应办理审批手续。建立领发料台账，记录领发状况和节超状况。

（4）材料的使用监督。现场材料管理人员应对现场材料的使用进行分工监督。检查要做到情况有记录，原因有分析，责任有明确，处理有结果。

（5）材料的回收。及时清理、利用和处理各种废料和料底，及时组织回收退库。对设计造成的多余材料，以及不再使用的周转材料，应当抓紧回收。回收时应当注意回收的手续齐全，建立完整的回收台账。

（6）周转材料应制定保管、使用制度。

三、资金管理

园林古建筑项目资金管理是指项目经理部根据工程施工项目过程中资金的使用规律，进行的资金收支预测，编制资金计划，筹集投入资金，资金使用、资金核算和分析以及工程资金管理等一系列财务管理工作。施工项目资金管理的要点：

（一）项目资金管理应保证收入、节约支出、防范风险和提高经济效益

（1）保证收入是指项目经理部应及时向发包人收取预付备料款，做好分期核算、预算增减账、竣工结算等工作。

（2）节约支出是指用资金支出过程控制方法对人工费、材料费、施工机械使用费、临时设施费、其他直接费和施工管理费等各项支出进行严格监控，坚持节约原则，保证支出的合理性。

（3）防范风险主要是指项目经理部对项目资金的收支和支出做出合理的预测，对各种影响因素进行正确评估，最大限度地避免资金的收入和支出风险。

（二）企业财务部门统一管理资金

为保证项目资金使用的独立性，承包人应在财务部门设立项目专用账号，所有资金的收支均按财会制度由财务部门统一运作。资金进入财务部

门后，按承包人的资金使用制度分流到项目，项目经理部负责责任范围内项目资金的直接使用管理。

（三）项目资金计划的编制、审批

项目经理部应根据施工合同、承包造价、施工进度计划、施工项目成本计划、物资供应计划等编制年、季、月度资金收支计划，上报企业财务部门审批后实施。实行资金"有偿使用、有贷有息"原则，利息计入工程项目成本，合理发挥资金的时间效应。

（四）项目资金的计收

项目经理部应根据企业授权及时进行资金计收。资金计收应符合下列要求：

（1）新开工项目按工程施工合同计取预付款或开办费。

（2）根据月度统计报表编制"工程进度款估算单"，在规定日期内报监理工程师审批、结算。如发包人不能按期支付工程进度款且超过合同支付的最后期限，项目经理部应向发包人出具付款违约通知书，并按银行的同期贷款利息计息。

（3）根据工程变更记录和证明发包人违约的材料，及时计算索赔金额，列入工程付款结算单。

（4）发包人委托代购的工程设备或材料，必须签订代购合同，收取设备订货预付款或代购款。

（5）工程材料价差应按规定计算，发包人应及时确认，并与进度款一起收回。

（6）工期奖、质量奖、措施奖、不可预见费及索赔款应根据施工合同规定与工程进度款同时收取。

（7）工程尾款应根据发包人认可的工程结算金额及时收回。

（五）项目资金的控制使用

项目经理部应按企业下达的用款计划控制资金使用，以收定支，节约开支；应按会计制度规定设立财务台账，记录资金支出情况，加强财务核算，及时盘点。在资金使用方面应对项目经理的授权明确限定。

（六）项目的资金总结分析

项目经理部应坚持做好项目的资金分析，进行收支对比，找出差异，分析原因，改进资金管理。企业应根据项目的资金管理效果对项目经理部进行奖惩。

四、机具管理

园林古建筑施工机具管理是指项目经理部针对所承担的施工项目，运用科学方法优化选择和配备施工机械设备，并在生产过程中合理使用，进行维修保管等各项管理工作。

园林古建筑项目施工机具的使用是保证质量、提高功效的重要手段。施工机具管理包括合理选型、购置或租赁，合理使用，正确维修与保养、存放、运送或修理等。项目经理部应采用技术、经济、组织、合同措施保证施工机械设备合理使用，提高施工机械设备的使用效率，降低其使用成本。

（1）人机固定，实行机械使用、保养责任制，将机械设备的使用效益与个人经济利益联系起来。

（2）实行操作证制度，机具操作人员必须经过培训和考试，合格后才能操作机具。机械设备操作人员应严格按照规范作业。

（3）操作人员必须坚持做好机具的维修保养工作。

（4）实行单机或机组核算，并根据考核的成绩实行奖惩。

（5）建立设备档案制度，以便了解施工机具的情况，便于使用和维修。

（6）合理组织机具施工，加强维修管理，提高施工机具的完好率和单机效率，并合理地组织机具的调配，搞好施工的计划工作。

（7）组织好施工机具的综合利用和流水施工，提高施工机具的利用率。

（8）为施工机具的工作创造良好的条件，注意安全作业。

五、企业内部市场

企业内部市场是在企业内部引入市场经济的管理模式，对各种生产要素进行有偿交换和服务，通过竞争机制控制项目成本，主要对劳动力、材料、租赁、资金使用、项目市场等进行市场化管理。主要工作如下：

（1）建立劳务、材料、分包等合格供应库，根据业绩、实力、诚信等要素进行选择。

（2）以公司的人工费定额作为基价，进行劳务队伍的项目分包的竞标。

（3）以不同的材料供应商进行厂家比价或招标，以货比三家，实现同质情况下的低价原则。

（4）所有公司的资产和周转材料，实行市场化租赁制，由专门部门进行负责，材料设备集中管理、维修保养和统一租赁等。

（5）以招投标的模式，对新承接的工程项目进行内部项目经理或项目管理部竞标。

（6）以上所说的劳动力、材料、机械设备租赁的定价以及项目经理部本身的定价，其人、财、物、产、供、销都要进行"内部结算"，内部资金的管理又显得十分重要。因此，内部资金管理，需要引进银行的管理机制，从监督、控制、信贷、结算等入口，遵循谁用资金谁承担财务成本的原则。

第二节   施工项目技术管理

施工项目技术管理是指园林古建筑施工企业运用系统的观点、理论、方法对施工项目的技术要点与技术活动进行的计划、组织、监督、控制、协调的全过程、全方位的管理，是项目管理的主要组成部分。技术管理的要素包括：技术人才、技术装备、技术规程、技术信息、技术资料、技术方案等。技术活动过程包括：技术计划、技术学习、技术规范运用、技术攻关开发、技术试验、技术改造、技术处理、技术评价等。通过开展技术活动，使工程施工顺利进展，达到进度快、质量优、成本低、安全文明施工的目的。

一、技术管理任务和工作内容

园林古建工程的施工技术是一项牵涉面广而且条件比较复杂的活动，古代俗语"三分图纸，七分匠人"，因此在技术管理上，在建筑施工技术管理的基础上需要增加一个重要工作内容——再创造，其园林古建项目是技术和艺术相结合的产物。

（一）园林企业施工技术管理的任务

技术管理的任务主要是，在保证艺术效果的前提下，正确贯彻执行国家的各项技术政策、标准和法规，科学地组织各项技术工作，建立规范的生产技术程序，充分发挥技术人员和技术装备的作用。通过开展工法、

QC小组活动，不断改进技术和利用新技术、新工艺，保证工程质量优秀，降低工程成本，推动企业技术创新，提高经济和社会效益。技术管理的技术概念如图7-2-1所示。

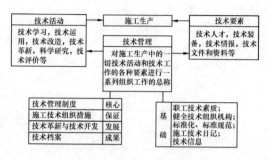

图 7-2-1　技术管理的概念

（二）施工项目技术管理的内容

施工项目技术管理可以分为基础工作和基本业务工作两大部分内容，如图7-2-2所示。

（1）基础工作是指为开展项目技术管理活动创造必要的条件，是最基本的工作。包括技术责任制、

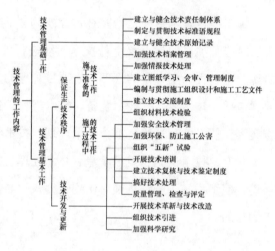

图 7-2-2　技术管理的工作内容

施工技术管理制度、技术标准与规程、技术原始记录、技术档案、技术情报等工作。

（2）基本业务工作是指施工过程中日常开展的各项技术管理工作。主要有施工准备中的技术工作（图纸会审、施工组织设计、技术交底），施工过程中的技术管理工作（如技术复核、质量检查、材料试验、事故处理），技术创新工作（如课题、工法、QC小组活动、技术培训等）。

（三）建立技术管理体系

项目部必须在公司技术负责人和技术管理部门的指导下，建立以项目技术负责人为首的统一业务指导和分级管理的技术管理体系，并配备持证

上岗的职能人员，按照技术职责和业务范围建立各级技术人员的责任制，明确技术管理的岗位和职责，建立各项技术管理制度。

（四）建立健全施工项目技术管理制度

项目经理部的技术管理应执行国家技术政策和企业的技术管理制度，同时，项目经理部可根据需要自行制定特殊的技术管理制度，并报企业总工程师批准或进行专项论证。施工项目的主要技术管理制度有：技术责任制度、图纸会审制度、施工组织设计管理制度、技术交底制度、施工材料与设备检验制度、工程质量检查验收制度、技术组织措施计划制度、工程施工技术资料管理制度以及工程测量、计量管理办法、环境保护管理办法、工程质量奖罚办法、安全技术交底管理办法、技术革新和合理化建议管理办法等。

建立健全施工项目技术管理的各项制度，首先是要求各项制度相互配套协调、形成系统，既互不矛盾，也不留漏洞，还要有针对性和可操作性；其次是要求项目经理部所属各单位、各部门和人员，在施工活动中，都必须遵照所制定的有关技术管理制度中的规定和程序安排工作和生产，保证施工生产安全顺利地进行。

（五）技术责任制

项目技术负责人职责：在项目经理的领导下，在企业总工程师和技术部门的指导下，主持项目的技术管理工作，处理一般技术问题，对重大问题及时上报，参加图纸会审，组织编制施工方案和分部分项施工作业方案的制定，负责技术交底，组织做好技术审定和复核工作，审定技术措施并组织实施，参加工程验收，处理一般性的质量验收，收集多项技术资料的签证、收集、整理和归档，引导技术学习和交流及技术相关活动。

二、技术管理过程

（1）项目部在接到施工图纸后，组织学习，进行自审，并汇总图纸中的问题。

（2）组织参加图纸会审，解决图纸中的问题。

（3）按照投标时的施工组织设计总体要求编制施工方案，按程序报批。

（4）解决施工过程中图纸及施工条件变化所发生的问题，需要进行各方签字确认。

（5）按照规范要求，组织材料的检验和试验。

（6）按照施工规范、技术规程、工艺标准、验收标准进行技术交底。

（7）对后续工序质量有决定作用的，如定价的询价、大样、结构层、地形坡度、预留孔洞、预算价，施工顺序材料检验应进行核定与复核。

（8）按照要求对多类隐蔽工程应进行隐检，做好记录，管理好相关手续。

（9）开展工法、QC小组活动，对"五新"工作进行深入开展。

（10）按照项目管理大纲与企业的技术措施纲要实施技术措施计划。

（11）对工程的中间和竣工验收的技术资料进行汇总、核定、自评。

（12）做好技术资料的搜集、整理和归档工作。

三、施工项目技术管理主要工作

（一）图纸会审

会审过程中提出的问题，由设计单位排查，经过洽商，统一意见。设计单位提出的技术核定单（变更）与施工图具备同等效力，不得任意修改和变动。图纸会审由组织会审的单位将会审中提出的问题及解决办法记录下来正式成文并签字。

（二）技术交底

技术交底可以采用会议口头形式、文字图表形式，甚至示范操作形式，视工程动工复杂程度和具体交底内容而定，多级技术交底应有文字记录，关键项目、新技术项目交底应做文字交底。

（三）技术核定

属于结构类的均由原设计单位负责人审查同意签字后方可实施，一般技术核定由设计人员、业主同意后实施。凡是设计变更应征得建设单位同意，三方共同洽商后可实施，所有技术核定单交专人保管，作为施工和结算的依据，并纳入工程档案。

（四）材料试验

材料试验就是对进场的原材料用必要的检测仪器设备进行检验。因为建筑材料的好坏，直接影响建筑产品的优势。建立健全材料试验及检验材料，严把质量关，才能确保工程质量。

（五）技术复核

技术复核在企业内部进行，对某些分项工程施工预先把关核查，其做法：先由专业工程师把每一项工序完成自核后，再由专职人员复核检查，在预检中提出的不符合质量要求的问题需认真进行复验，预检不合格不得进行下道工序，技术复核的项目应有记录单，并填写核算意见，专项工作需形成制度。

（六）技术措施

技术措施主要内容有加快施工进度的措施，验收工作质量的措施，节约措施，就地取材、废物利用措施，新技术、新工艺、新结构、新材料、新设备的措施，改进施工工艺和操作技术、提高完好度、产量的措施，合理改善劳动组织、节约劳动力的措施，保证安全施工的措施，合理化建设措施，多项技术、经济资源的控制措施。技术组织措施涉及到企业施工、管理的多个方面，凡是有潜力可掘之处，都应采取相应的技术组织措施。要组织好技术措施工作，必须编制技术组织措施计划。

（七）质量检查

在施工过程中，除根据国家规定的标准，逐项检查质量外，还要进行施工操作检查和工序质量交接检查。有些质量问题由于操作不当导致，因此必须实施施工操作标准，发现问题及时纠正。工序质量检查是指前一道工序质量经检查签证后方能移交下一道工序。还有产品保护检查。

（八）质量验收

材料验收供应单位应提供合格证明及试验数据，按照规范要求进行复核。隐蔽工程验收由监理、业主、施工单位三方验收。重点验收如结构由设计、监理、业主、施工单位四方验收，未经隐检合格，不能进行下道工序，结构工程是最大的隐蔽工程，在装修工程施工前对结构工程进行检查和评定。分部分项工程评定由施工单位自检评定，报监理单位复核。重点分项由施工、监理、设计、业主四方共同验收。分期验收，指的是个别单位工程已达到用户要求需提前使用。所有项目均应进行竣工和交工验收，竣工验收需评定质量等级，办理竣工验收证明书，交付验收需办理交接手续，填写保修卡及相关手续。

（九）技术标准

一是国家的标准、设计规范、质量检验评定标准、各种技术检测标准。二是部门标准，如《建设工程质量管理条例》、《文物保护工程管理办法》等。三是企业标准，限于企业范围内适用的技术标准，凡国家、部门标准没有包括的工程项目，都应制订企业标准，以保证产品质量，企业标准应比国家、部门标准要求更严、更先进。

（十）工艺标准

工艺标准即技术规范，是技术标准的具体化。由于园林古建筑工程的风格是基于各地域的操作方法和习惯不同，在保证达到技术标准的前提下，主要规范操作方法和注意事项。

（十一）技术档案

技术档案主要有两类，一是工程竣工验收的技术材料，按照现行的国家及地方规定实施。二是施工企业建立的施工技术档案，由企业自己归档。

四、技术研发

项目部开展技术革新，主要通过工艺标准研究（工法）、QC 小组活动，目的在于为生产或工程提供必要的理论根据、技术方案和技术参数。通过运用科学研究中所获得的知识，以试验为主要手段，验证技术可行性和经济合理性。通过实验室试验和中间试验、过程记录等系列步骤，提供完整的技术开发成果，它主要包括新技术、新产品、新材料、新设备的开发与运用。

技术创新的内容，主要是对现有技术的改进、更新和突破。主要方法有：改进原有施工工艺和操作方法，改进施工机械设备和生产工具，改进材料的利用方法，改进结构体系和产品的质量，改进管理工具和管理方法，改进检验和试验的方法与技术等。

五、施工组织设计

施工组织设计是园林古建筑工程建设过程中技术和经济性的文件，是针对市场经济体制下的投标竞争状况、结合施工组织管理的实际，编写的指导工程施工的组织、技术、经济的一个综合性的设计文件。施工组织设计的类型有：施工组织设计大纲、施工组织总设计、单位工程施工组织设计、分部分项工程施工组织设计。

六、园林古建筑施工常用技术措施

园林古建筑工程具有"技艺合一"的特征，因而在控制技术和艺术方面的措施主要有：

（一）图样的模型

这是中国传统的做法，汉朝初期已有图样，到公元七世纪初，隋朝使用百分之一比例尺的图样和模型。目前对重大的项目整体效果和单体建筑的构造，仍需做模型，以保证各部位、部件的尺寸准确。

（二）样板法

由于园林古建筑的细部很难在图纸上全部表现出来，往往要通过实际才能看出真实效果，这就需要做出样板，样板有两种做法，一种是实地做，另一种是模拟做。样板一是代替设计，供甲方挑选，二是按设计图或甲方的意向做。样板做完后，要请业主、监理、设计以及相关专家共同鉴定，听取意见。通过对样板的鉴定，做出详细的技术记录，以对原设计进行补充和修改。

通过对样板的鉴定，项目施工人员方可对施工材料、施工工艺、各部位的尺寸做出详细的记录，做出技术交底，作为指导施工作业资料。

（三）示范法

示范法是每做一个新的项目，必须由技术较高或者某方面特长的工人或技术人员先做试验性示范。每一项示范，要将数据记下来，拍下来，直到做出正确的做法为止，最终经整理也是技术交底的资料之一。其目的是解决操作工艺上的问题，所以对控制施工操作规程意义重大。

（四）大样法

大样法是对每一个部件的排列在施工前先在地面、墙面或纸上放出样子，样子不一定是大样，也可以按比例是小样。凡是不易控制的曲线、分格、分块的材料做法，必须要画好样子，才能下料进行施工。

（五）现场发挥

一项园林的施工图纸，很难考虑得十分周全，特别是地形、植物、山石、水体都要因地制宜。因此一个园林工程师在施工过程中为了使作品更加完善，必须要现场发挥自己的艺术才能。现场发挥的原则：一是艺术原则，即给人以美的感觉，顺应自然，不能画蛇添足；二是节约原则，不要增加成本（如土方平衡）等。

第三节　施工项目信息管理

园林古建筑工程信息管理是指项目经理部以项目管理为目标，以施工项目信息为管理对象，所进行的有计划地收集、处理、储存、传递、应用各类各专业信息等一系列工作的总和。项目部为提高管理水平，应建立项目信息管理系统，优化信息结构，通过动态的高速度、高质量地处理大量项目施工及相关信息和有组织的信息流通，实现项目管理信息化，为做出最佳决策，取得良好的经济效益和预测未来提供科学依据，为项目建设提供增值服务。

一、施工项目信息分类

施工项目信息可分为项目公共信息和施工项目个体信息两类。施工项目公共信息主要包括：政策法规信息、自然条件信息、市场信息及其他公共信息。施工项目个体信息主要包括：工程概况信息、商务信息、组织协调信息、施工记录信息、技术管理信息、进度控制信息、质量控制信息、成本控制信息、安全控制信息、合同管理信息、资源管理信息、现场管理信息、行政管理信息、竣工验收信息、考核评价信息及其他信息等。项目信息的详细内容如图 7-3-1 所示。

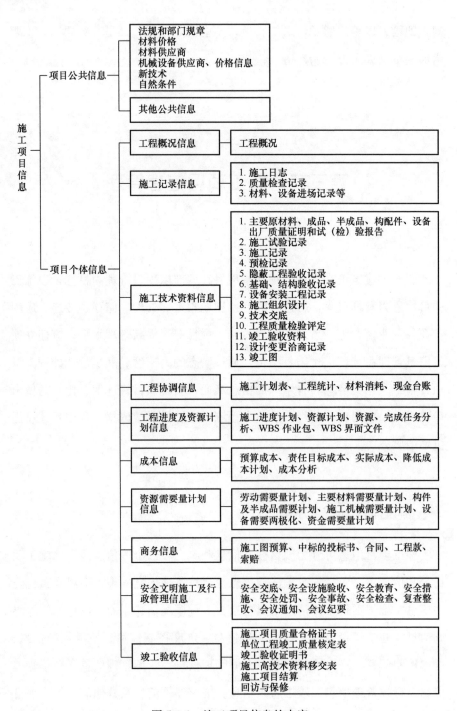

图 7-3-1　施工项目信息的内容

二、施工项目信息的表现形式

施工项目信息的表现形式主要有书面形式、技术形式（传真、录像、录音、照片等）、电子形式（电子邮件、Web 网页）。

三、信息管理的基本要求

通过建立项目局域网，根据管理岗位分工，制定信息管理办法，将项目管理部的信息系统与企业计算机网络连接，实现企业项目的过程监控、网络视频会议以及项目信息的自动上报。

（一）软件的特点

（1）项目管理操作流程基本统一，输入项目管理的数据，可以完成分级的控制，并可以根据计划网络的时间参数，对各项施工成本进行精确的分析，优化网络计划，并提供双代号、单代号网络图式、横道图等建模方式。

（2）图表形式多样，直观规范。

（3）可以单机用户和网络用户，利用企业的局域网资源，实现多部门管理控制。

（4）可以建立风险分析模型，进行风险分析。

（5）系统具有资源、进度、合同、造价、质量、安全等管理模块。

（二）施工项目常用管理软件介绍

（1）Microsoft Project 2000 软件是美国微软公司推出的项目管理软件，可用于项目计划、施工、监督和调整等多方面的具体工作。当输入项目基本信息后，即可进行项目的任务计划，将工作计划进行资源、成本、进度、质量等分解，完成后向外传递，并进行跟踪管理等。

（2）工程进度计划管理系统 TZ-Project 7.2 软件是大连某企业最新推

出的管理软件。其功能主要有：对管理的项目进行动态控制，具有网络计划的编写功能，有网络计划的动态管理功能，有资源、费用日记管理、系统安全、分类建材输出、可扩展等工程。

（3）由中国建筑科学研究院与中国建筑业协会工程项目管理委员会共同开发的 PKPM 软件，是一体化施工项目管理软件。它以工程数据库为核心，以施工过程管理为目标，对施工企业有相对的针对性而开发的软件。其中有标书制作及管理、施工平面图及绘制、项目管理、工程造价计算机辅助的管理系统软件。

第四节　施工项目索赔管理

索赔是指在合同履行过程中，对于并非自己的过错而应该由对方承担责任的情况造成的实际损失，向对方提出的经济补偿、时间补偿要求的行为。在园林古建筑工程项目施工中，由于施工条件、气候条件的恶化、施工进度、物价的变化以及合同条款、规范、标准文件和施工图纸的变更、差异、延误等因素的影响，使得工程施工中不可避免地出现索赔。索赔的性质属于经济补偿行为，而不是惩罚。因此，索赔的健康开展对于培养和发展工程市场、提高工程效益起着非常重要的作用。

一、园林古建筑工程索赔的起因

园林古建筑工程索赔的起因有如下方面：发包人违约（发包人和工程

师没有履行合同责任，没有正确地行使合同赋予的权利，工程管理失误，不按合同支付工程款等）；分包商（供应商）违约；合同错误（如合同条文不全、错误、矛盾、有争议，设计图纸、技术规范错误等）；不利的自然条件和客观障碍；工程师指令；合同变更（如双方签订新的变更协议、备忘录、修正案、发包人下达工程变更指令等）；有签证单法律、法规变更；其他承包商的干扰及其他方的原因。

二、索赔成立的条件

（一）与合同对照，事件已造成了承包人工程项目成本的额外支出或直接工程损失。

（二）造成费用增加或工期损失的原因，按合同约定不属于承包人的行为责任或风险责任。

（三）承包人按合同规定的程序提交索赔意向通知和索赔报告。

三、索赔理由

索赔应具备下列理由之一：

（一）发包人违反合同给承包人造成时间、费用的损失。

（二）因工程变更（含设计变更、发包人提出的工程变更、监理工程师提出的工程变更，以及承包人提出并经监理工程师批准的变更）造成的时间、费用的损失。

（三）由于监理工程师对合同文件的歧义解释、技术材料不确切，或由于不可抗力导致施工条件的改变，造成时间、费用的增加。

（四）发包人提出提前完成项目或缩短工期而造成承包人的费用增加。

（五）发包人延误支付工程款费用造成承包人的损失。

（六）合同规定以外的项目进行检验，且检验合格，或非承包人的原因导致项目缺陷的修复所发生的损失或费用。

（七）非承包人原因导致工程暂时停工。

（八）物价上涨、法规变化与其他。

四、索赔费用的组成

索赔费用的组成与工程合同的组成部分相似，索赔费用的组成包括直接费、间接费（管理费）、利润及额外独立费用等。

五、索赔文件

索赔报告是索赔文件的正文，其结构一般有三个主要部分：一是标题，二是核心内容，三是损失费用及工期。报告附件一般有施工日记，来往文件，各方会议记录，进度计划，影像资料、照片、声像、图纸等技术相关材料。

六、索赔处理技巧

（一）正确把握索赔的时机，索赔提得过早，容易被对方反驳或者其他方面进行报复；索赔提得过晚，则可能给对方留下借口，索赔容易被拒绝。

（二）注意索赔谈判方法，在开始进行谈判时，应注意语气和用词，尽量避免过激的言辞，应将索赔的事实和依据解释清楚，要坚持自己的立场，但不要得理不饶人，把握好一个度。正确表达自己的索赔要求，争取获得对方的理解，保证双方合作关系的延续。对于自己合理的索赔要求，对方不愿意配合或总是无理拒绝，就应争取相对严厉、强硬的立场，并争取正确的手段（如停工），以实施自己的索赔要求。

（三）索赔时作必要的让步，在索赔谈判时，应根据实际情况作适当让步，不要一把抓，较小金额的索赔可以放弃，以保证大额的索赔请求，并有利于维护双方的合作关系，不致使双方关系闹僵。

（四）最好由律师对整个合同谈判进行把关。注意所有证据和合同效力。

七、反索赔

反索赔是相对索赔而言，是对提出索赔的一方的反驳。发包人可以针对承包人的索赔进行反索赔，承包人也可以针对发包人的索赔进行反索赔。通常的反索赔主要是指发包人向承包人的反索赔。

反索赔的特点有：① 索赔与反索赔同时性；② 技巧性强，处理不当将会引起诉讼；③ 在反索赔时，发包人处于主动的有利地位，发包人在经工程师证明承包人违约后，可以直接从应付工程款中扣回款项，或从银行保函中得以补偿。

发包人相对承包人反索赔的内容有：① 工程质量缺陷反索赔；② 拖延工期反索赔；③ 保留金的反索赔；④ 发包人其他损失的反索赔。

第五节　施工项目风险管理

施工项目风险是影响施工项目目标实现的不能确定的内外部干扰因素

及其发生的可能性。施工项目一般都是规模大、工期长、关联单位多、与环境接口复杂，包含着大量的风险。

一、风险类型

施工方通常遇到的风险归纳为三种类型，即决策风险、履约风险和责任风险。

（一）决策风险

决策风险主要是企业在考虑是否进入某一市场，是否承接某一工程时，首先要考虑是否能承受进入市场和能否承接项目可能遭遇到的风险，并且做出相应的决策。这些决策工作无不潜伏着风险，主要有信息失真风险、中介风险、代理风险、业主买标风险、报价失误风险、低价投标风险。

（二）履约风险

缔约和履约是承包项目的关键环节。许多企业因对缔约和履约过程的风险认识不足，致使不该亏损的项目亏损，甚至导致企业破产倒闭。主要有以下几个方面：存在不平等条款；合同中定义不准确；条款遗漏；工程管理存在施工缺陷，造成质量、安全事故；物资管理主要存在市场价高；财务管理风险主要存在垫资、保证金、收款与支付以及成本控制和工程计价法的风险。

（三）责任风险

园林古建筑项目施工是基于合同当事人的责任、权利和义务的法律行为。企业对其承包的施工活动负有不可推卸的责任，而承担工程承包活动的责任是有一定的风险的，主要有职业责任、法律责任、替代责任、人事责任等。

二、风险的管理

风险管理是指在对风险的不确定性及可能性等因素进行考察、预测、分析的基础上，制定出包括识别衡量风险、管理处置风险、控制防范风险等一整套科学系统的管理方法。

风险管理主要存在以下几方面工作，对所在地的政治、经济、习俗、地方法规的了解；加强工程所在地的调查；充分研究潜在的各类风险；依据招标文件及合同计价方式增加风险性报价；争取公正的合同条件，以减少相应的风险，进行合理的工程分包以转移风险，合理成立联合体以共担风险，向保险公司投保以转移风险，加强对待议标时的保留条件以及授标意向书，加强施工管理以减少损失等方面的各项风险管理的控制。

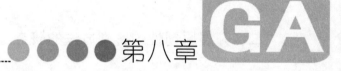

结　语

第一节　园林古建筑项目管理进一步的发展思考

我国古建筑在世界建筑体系中独树一帜，其保护和营造方法的传承是一项复杂的工程，需要多学科、多角度、多层次地进行深入研究，是一个渐进的、不断探索和完善的过程。当下面临着更大规模的城市改造建设和社会主义新农村建设，这使得保护和传承更加迫切、更加复杂化。因而其保护和传承在思想认识及理论知识和实践方面都需要有新突破，有新的思考。

一、加快信息化建设，重构传统建筑工艺和技术传承体系

在前人已有的成果基础上，充分利用现代科学技术成果，实现传统工艺技术的信息化。总结代表性匠派的工艺：包括建筑材料的使用，工具的使用，加工的特色，效果和步骤，施工营造程序、技术、方法，建筑校正，放样及维护手段，以及相应的匠歌、口诀等，利用图像、动画的手段，摸索出一套关于建筑工艺的从科学记录、方法翻译、总结归纳、存档保护到教育、培训的完整方法体系。

二、开展原创性的鉴别方法的研究

通过对已熟悉的地域和朝代建筑工艺信息的掌握和分析，对不同时期保护和修缮存在不足和纠偏的认别，建立适应其原创性的分析方法和鉴别体系，为未成熟地域的工艺原创性的鉴别标准方法和规律，提供指导和参考。

三、加强人才培养，建立励匠机制

（一）人才培养。在"师传徒继"的基础上，在高校和职业学校中开创相关课程，培养专业人才，提高研究水平和实践操作能力。

（二）技能等级的评价。工艺技能是工匠的智慧和熟练程度的体现，通过细致的工艺记录、方法、工作效率和工艺成果的评价，以及材料耗用的折算、造价和工期的对比。通过同行对比、专家评比的组织等细致的工作，建立技能级别的判定标准和方法体系，从而为技能的价值差异取得科学的评判标准，为工匠激励机制建立基础。

（三）励匠机制的建立。通过对工匠队伍和等级的调查，以及濒危的及失传的传统工艺的方法比较，通过从政策、招徒、业绩、晋级、激励等一系列方法和措施，将工匠队伍培养、工匠行业培育形成行之有效的体系。

四、完善相关法律体系，建立行业规范标准

为使我国园林古建筑事业能够继续发展，除了对传承建筑工艺技术传承要加倍实现以外，还要建立建筑相应的保障体系和科学的行业规范和设立标准。

（一）目前我国有关园林古建筑的保护和传承的专门法律只有《中华人民共和国文物保护法》，其中并没有明确提出保护工艺技术的相关条例。这就要求国家及相关部门根据传承与工艺技术的特征，创立有针对性的法律法规，使园林古建筑工艺技术有法可依。

（二）园林古建筑行业没有统一的规范和评价标准。国家文物局对文物建筑的保护工程以观感和经验为主要验收方式，没有明确的评价标准。而《古建筑修建工程质量检验评定标准（北方地区）》（CJJ 39—1991）、《古建筑修建工程质量检验评定标准（南方地区）》（CJJ 70—1996）以及《园林绿化工程施工及验收规范》（GJJ 82—2012）、《城市园林绿化评价标准》（GB/T 50563—2010）与《建筑工程施工质量评价标准》（GB/T 50375—2006）相结合。同时，有关单位工程综合质量评定存在标准不统一的问题，有待进一步探究，必要时要建立行业的自身规范和评定标准。

第二节　结　　论

园林古建筑工程项目管理是园林企业管理的重要组成部分，也是企业管理工作的基础和落脚点。其管理的质态，将直接影响到产品的质量和经济效益，也反映出企业的社会责任意识。如何规范和加强施工项目管理，已经受到业内人士的普遍关注。

在中国园林古建筑广博精深的技艺智慧面前，本书的研究成果也许只是中国园林古建筑传承工作的一小部分，希望能为园林古建筑工程的营造管理研究提供一些具有价值的参考方向，其主要成果有下列几方面：

（一）结合"技艺合一"的特征，对园林古建筑项目管理的原理和方法进行了归纳和系统化。

以《建设工程项目管理规范》（GB/T 50326—2006）为基础，结合园林古建筑工程"技艺合一"，以及中国园林古建筑营造体系是以师承传统技术团队和经验技术的协作才能充实项目营造活动成果的特点，以施工方的园林古建筑项目施工活动为核心，以园林古建筑营造周期为主线，围绕园林古建筑项目管理的多个环节，从园林古建筑的特色、项目组织的建立、招投标管理、合同管理、施工项目的进度、质量、安全和成本控制，以及施工项目中的信息、技术、风险、索赔问题的管理和协调等方面，对其掌握的国际、国内的项目管理的理论结合工程案例深入浅出地进行了系统的解读和详细的分析，阐述了园林古建筑工程项目管理的原理与方法。

（二）借鉴古代师承系统组织形式，对园林古建筑营造体系进行解读，提出园林古建筑施工企业的基本管理制度。

园林古建筑工程具有技术和艺术、地域建筑风格、朝代风格等特殊性，便于通过技艺而使营造活动成为一种体系化的整体工作方式。结合当前建设行业管理的要求，提出园林古建筑项目管理应实行以"项目经理负责制"和"项目目标责任制"作为施工企业的项目管理的基本制度。在此前提之下才有可能提出有效的组织架构和岗位设置的科学途径。

（三）结合古代经验技术传承体系的方式，提出园林古建筑项目管理要素中的质量和技术管理等若干关键问题。

园林古建筑施工的项目管理是施工企业对具体的施工项目进行计划、组织、控制和协调的过程，其管理内容复杂，要求强化计划、组织和控制工作，因而关注了传统的技术管理的图样和模型，关注了师承团队和劳务相结合的方式，关注了企业重视技术交底而忽视合同交底，关注了质量管理中明确"施工方案中的质量控制要点"，关注了技术管理工作"技术核

算和复核"、"样板引路"的环节，关注了招投标策略的问题，以及索赔和
风险防范的关键问题。

（四）结合现代项目管理的理论，提出了园林古建筑项目管理的进一
步发展思考。

园林古建筑过程项目管理是一门发展着的学科。当今企业正处于一个
不断变革的时代，面对错综复杂的外部环境，各种不确定因素使得传统项
目管理理论和方法必须加以调整和修改。对加快信息化建设、重构传统建
筑工艺和技术传承体系、开展原创性的鉴别方法的研究，加强人才培养、
建立激励机制，以及完善相关法律体系、建立统一完整的行业规范标准，
势必成为园林古建筑行业健康发展的有力举措。诚如此，方可为中国园林
古建筑的发展打开新的天地。

●●●● 第九章

实用参考学习资料

第一节　怎样编好园林古建筑工程预算

一、园林古建筑的分类

中国园林古建筑的分类，除按朝代划分外，可以从不同角度、不同的方法进行划分，主要有：

（1）以使用者的身份：一是公共建筑与皇家园林，包含着皇家宫殿、寺院、陵园、城市的综合性建筑及其建筑物；二是民居和私家园林。

（2）按建筑类型分：主要有北方类型《清式营造则例》做法；南方类型《营造法原》做法。当然还有岭南等地区类型，一般都包含在江南类型内，构造形式相对比较简约。感觉上北方类型与南方类型的划分应当以黄河划界（不含少数民族的一些特殊做法）。

（3）从设计手法分：主要有规整式、自然式和混合式三种类型。

（4）从当前的专业划分：主要有古建园林与风景园林两种类型。

二、仿古建筑及园林工程预算定额的情况

各省市结合本地的建筑特征，编制定额的基础，主要参照建设部（88）建标字第451号文件，关于发布《仿古建筑及园林工程预算定额》试行通知。仿古建筑及园林工程预算定额共分四册，第一册通用项目与第二册、第三册配套使用；第二册主要适用于以《营造法原》为主设计、建造的仿古建筑工程及其他建筑工程的仿古部分；第三册适用于以"明清官式做法"为主设计、建造的仿古建筑工程及其他建筑工程的仿古部分；第四册适用于城市园林和市政绿化、小品设施，也适用于厂矿、住区、机关、学校、宾馆的绿化和小品设施等工程。

建设部发布的定额编制依据如下：一是国家和有关部门颁发的现行施工及验收规范、质量评定标准、安全技术操作规程；二是《清式营造则例》和《营造法原》所介绍的做法；三是标准通用图集、典型设计图以及其他有关资料。

三、仿古建筑工程和风景园林工程的类别划分

（一）仿古建筑工程

（1）仿古建筑工程主要是指按照古代建筑的形制，新建、改建、扩建的殿、堂、楼、阁、榭、舫、斋、轩、廊、亭、塔、城墙等独立建造的单位古典建筑的工程，以及上述古建筑工程的基础、墙体、木构架、木装修、地面、屋面、油漆彩画以及脚手架工程。

（2）按照《营造法原》、《清式营造则例》和具有我国民族风格传统做法设计、施工的仿古建筑工程。

（二）风景园林工程

（1）园林建设中的园路、园桥、水景及园林小品设施。

（2）城市、园林建设中的假山、塑石工程。

（3）城市、园林中的绿化种植工程。

（三）仿古建筑工程的界定

仿古建筑工程主要是一般建筑工程中有仿古建部分的项目，通常执行仿古建筑及园林工程预算定额，其他套用相应的一般建筑工程定额、计价表与费用计算规则应配套使用。用什么计价表，就配用什么费用计算规则。

四、仿古建筑与园林工程预算定额的费用组成

仿古建筑与园林工程造价由分部分项工程费、措施项目费、其他项目费、规费和税金组成。分部分项工程费用及部分措施项目费由人工费、材料费、机械费、管理费、利润等五项费用组成。编制工程造价时应认真详细地熟读项目所在地区的有关政策与文件。

五、定额在使用中做调整处理

目前我国仿古建筑的建设以《清式营造则例》和《营造法原》的做法为依据，并在华夏大地普遍参照建设。在什么地方施工使用什么地方的定额，是造价管理的基本规则，当所在地定额子目不全时，通常可以换算处理。

（1）一般以全国仿古建筑及园林工程定额为基础。

（2）可以结合施工实际进行换算组价。应当注意的是，现在唐风、宋风的建筑等在各地兴起以及风景园林过程中新材料、新技术的广泛运用，由于唐宋时期的建筑尺度和用料大，因此，有大量的子目需要有换算，重新组合单价。

（3）无论参照什么样的定额，人工费的单价参照各地的工资标准。

（4）材料通常也是按照各地区当前的市场价格进行换算。

（5）机械台班费仍参照当地指导价进行换算。随着机械化程度的发展，原定额机械台班费不全，应当注意总结与计价。

（6）以上各项内容，套用相应定额子目计算直接费用，仍参照当地的费用标准进行组价。

（7）定额的子目单价换算价格，应当要得到当地造价主管部门认可和批准。常用的项目可以建议各地区发布补充定额。

六、园林建筑工程的预算编制程序

园林建筑工程，有它的专业特点，在编制程序上，和其他建筑行业基本上是一致的。主要有：① 收集编制资料（定额及价格信息、规范和标准）；② 熟悉图纸（招标文件图纸会审、技术交底）；③ 察看现场，熟悉施工组织方案和工艺流程；④ 施工图工作量计算；⑤ 套用相应定额、计算复价；⑥ 套用相应费率标准、计算预算总价；⑦ 做工料分析，核对预算；⑧ 编制"预算编制说明"，审核；⑨ 审批，汇编成册，盖印，报出。

七、园林建筑工程预算的编制特点

我们大家在编制预算中有不同的习惯做法，作为对初学仿古建筑与园林工程的同志参考，算准工程量是编制造价的基础。

（一）工程工作量计算方法

（1）按顺时针方向计算：一般较适宜大面积的绿化配置定向、划块、按序计算。目前图纸上是划区的或规划的庭院布置（建筑）、以施工图所注位置尺寸进行计算，按图纸的顺序计算亭、台、楼、阁。

（2）单项工程的计算原则：按照图纸示意的前后顺序，先横后竖、先上而下、先左后右计算。一般较适宜古典园林建筑装饰部件，如细砖、梁垫、雀替、挂落、飞罩等条理清晰的部件，应注意掌握工艺程序，不能重复计算和漏算。

（3）按图纸所注编号计算：一般较适宜新建、仿建以混凝土代木的古典园林建筑，按照轴线、按层，分项工程按柱、按梁的编号顺序。同时也适宜较"零星"、布局变化较"零乱"的绿化配置，配上编号，按号计算，同时注意图纸编号。在工程量计算书中标注、审核，做到统一项目编码、统一项目名称。

（4）按定位轴线计算：古建筑的修缮工程一般以拆除顺序进行计算。这些工程一般无原图资料，由于安装需要，习惯上按轴线编号、定位、计算。

（5）按定额顺序计算：对于一般初学古建园林工程预算的同志，建议按定额顺序计算，优点是不会遗漏大的项目、内容。

（6）按施工顺序计算：一般较适宜具有一定施工实践经验的预算人员。按施工步骤，结合施工方案，逐项计算。这种做法，费时较少，适宜园林工程体量小、结构复杂的工程，较灵活，节约时间，正确性较高。但要求预算人员熟练，细心，这是目前在项目施工过程中计算月度工程量普遍采用的方式。

（7）计量单位必须和定额子目清单的计量相一致，且按照定额排列顺序。

（8）计算底稿要整洁、数字清楚，小数点后保留二位，重要材料可以保留三位，余数四舍五入。

（9）在计算工程量过程中要掌握分项工程量的计算规律，找出各分部分项的内在关联，从而可以反复利用，简化计算，提高效率。

当然，预算的编制方法、技巧问题，表述要清晰。总之，写好一个工程量的详细计算清单应当是便于他人读懂和审核，以使用方便、思路清晰、简易正确为原则。

（二）在套用相应定额、进行复价计算时的注意事项

（1）应熟悉和正确理解子目规定的加工内容、加工工序、子目名称、

设计图纸的规格、用料的差异。不能随意套用，要进行"换算"。

（2）套用子目与施工方法及其要求不完全相同，要进行换算时，必须注明"换算"字样，增减费用、列式计算，均要归纳进"预算编制说明"中，便于审核。

（3）对确实无法套用的定额子目，应说明"补充"字样、并一一列出人工、材料、机械、材耗率等有关内容，并进入"编制说明"，便于双方协商，作为一次性使用的依据，当换算项目较多时，应另列单价换算表。

（4）套用定额，园林建筑工程预算习惯上都注明什么定额和定额子目，有备注核算增减要注明备注页码，便于预算审查。

（三）编制"预算编制说明"

"编制说明"对于园林古建筑工程预算特别重要，其实对于一个合格的预算人员而言，编制预算过程是一个领会设计意图的过程，是检查施工图有否错、漏的过程，也是一个在头脑中"施工"的过程，从中找到施工关键，做预算技术上的处理。至于编制说明一般包含编制依据、图纸未交代清楚的内容、价格、不确定因素等影响造价的重要节点。

八、园林建筑工程的编制要点

做好园林工程预算，提高预算的准确性，对园林定额的了解相当重要，下面简单介绍一下：

（一）建筑面积与层高

（1）建筑层高：无论出檐层数及高度如何，按自然结构层的分层水平面积的总和计算建筑面积。

（2）建筑面积：园林古建筑中，大多都有踏步，踏步不论多少，均不计建筑面积。

古建筑有台基的按台基外围水平面积计算建筑面积，无台基的按建筑围护外边线计算建筑面积（柱在外的，以柱外边线计算）。

（3）基础和墙身的分界线以室内地坪为界。但是当实际自然地面标高与设计要求误差较大（或较高台基），暴露在室外地面以上部分基础，可按相应的外装饰要求子目套用，作墙身部分结算。

（二）石作工艺

（1）注意用料品种不同，单价要相应调整。

（2）以面积设计工程量的项目，一定要注意图纸厚度和定额是否相一致，否则要进行换算。

（3）注意部件名称不同、计量单位不同、单价的区别。

（4）因定额含量的缺乏，也有不少子目含量不足，如有合角的用料，定额消耗不够，因此应注意采用成品单价要补足。

（5）注意石料吊装和场外运输费用，包括因场地狭小而产生的二次运费。

（三）砖细工艺

（1）理解传统工艺的专业术语和习惯做法，以及营造规定含义和范围。定额上采用机械加工，若采用人工加工应换算。

（2）了解砖细施工的最基本知识，正确使用子目。

（3）特别是以米、平方米为单位的，应注意实际规格不一，可以换算，以"座"为单位的要注意形式和规格。

（4）应当注意"场外运输"、"成品保护"、"场地狭小"而产生的费用。

（5）砖细工程主要是线条、表细的加工，如需雕刻，应另行计算。

（四）屋面工程

（1）盖瓦屋面的面积计算应注意檐口瓦出檐的大小，进行实际面积计算，一般图纸上不会注明，按地方习惯计算。

（2）瓦的规格和盖瓦的密度应当换算（图纸中也未注明，如压七露三、压六露四等）。

（3）花脊的望砖、小瓦进行砖细加工，应当套用砖细定额。

（4）布瓦屋面脊以脊高分挡，吻兽以吻兽高分挡，其高度均由瓦条下皮（当沟上皮）起计算。

（5）定额中以"XXX差价"形式表现的各种异型琉璃件在计划材料用量时，应注意扣除与其相同数量的普通琉璃件。

（五）抹灰工程

（1）抹灰用料的品种要注意图纸与定额子目的差异，不同时可以换算。

（2）北方抹灰修补中的补抹青灰定额已综合考虑了轧竖间小抹子花或做假砖缝等因素，因而注意执行定额的重复问题。

（3）定额中未考虑添加什么材料，应按相应比例回整（如黑烟子、草灰、麻丝、杂浆）。

（六）木作工程

（1）定额中均以成材为计算单位，应注意木材出材率组价要查木材材积表计算。

（2）常用的斜长系数，五折1.12、六折1.17、六五折1.19、七折1.22、七五折1.25、八折1.28、八五折1.31、九折1.36、九五折1.38。

（3）《营造法原》做法的斗栱附件制作，未解释清楚可以参照北方做法，以斗栱中至中为一挡，计算工程量。

（4）注意图中未注明的项目也较多，如砖细门楼、常用竹钉、墙体中木筋，还有柱与墙体的连接件等，这些都容易漏算的。

（5）定额中的斗栱以清式斗栱为准，明代的形制相近，唐宋形制变化较大，因此在计算时应注意换算。做法差不多，但是应注意"总木材含量，唐宋较明清用料多"。

（6）仿古建筑中在混凝土挑檐下安装的木构件，斗栱应考虑增加反装的人工费增加，和铁件的工程量计算。

（7）角科斗栱带枋的分部件，以科中为界，前端的工料包括在角科斗栱之内，后端的枋另按附件计算。

（8）通常应注意木材的半成品加工费，场外运输费，及因场地狭小而产生的运费，燥干费均在木材价格组合时综合考虑。

（9）所有的雕刻均要单独计算。

（10）仿古建筑的门窗五金件需另行增加计算。

（七）油漆彩画工程

（1）传统建筑油饰做法是先在木构造部分的表面做地仗，在地仗上涂刷油漆或绘制彩画。

（2）做法应按实际做法增加地仗做法，南方一般都采用麻布包扎。

（3）由于油漆彩画工程的定额按工程部位，又按工艺做法划分项目，使得实际工程中有许多项目交叉执行定额，如椽头、椽望、挂檐板等交叉处，在实际工程中遇到这些情况计算工程时，仍按原规定的工程量计算方法执行。

（八）一般项目

（1）古建筑基础墙的划分，应以室外地面划分。

（2）乱砖墙的砌筑方式分为带灰、不带灰的砌法，定额中没有，可以换算。

（3）江苏省仿古建筑定额中不少混凝土构件单价低，应根据工程的实际情况，进行组价。

（4）预制构件的安装铁件，应当按照图纸进行换算。

九、补充说明

（一）注意同一部件，用料不同，计量单位也不同。

（1）戗角计算：混凝土材料预制，现浇中以结构件实体积计算，分门别类、套用相应定额。而木制戗角，只要根据定额规定的子目，套用相应子目即可，比较方便（斗栱也适应此方法）。

（2）古典园林建筑中柱、梁、枋、机、斗栱、梁垫、挂落、蒲鞋头、插角、花芽等，一般来讲，在用混凝土材料时大都以立方米计（不是绝对的），但是用其他材料时，计量单位变化很大，例如只、个、座、件、延长米、平方米等，所以要计算各种计量单位，避免多余计算，增加工作量。

（二）注意加工图案不同，单价不一。

一般来说，加工图案在《营造法原》中有比较明确的规定，定额也根据图案、简易、繁复、加工工序确定不同单价。所以加工古建装饰部件例如古式木门窗、地穴、栏杆、吴王靠、雀替、角牙等，要根据图案要求，否则会影响预算的正确性，还要注意加工的方法。

（三）利用定额规定，简便计算。

在油漆面积计算中，定额做了相当明确的规定：例如屋架等部件，可以简便计算，使用方便，实际施工混凝土支模板不否时，也可以参照含量表复核。

总之，对于"仿古建筑定额"的使用，并不难，但需要有一个熟悉的过程，需要对古建知识有一个基本的了解，对各种专业术语（施工图上叫法不同，或不完全注明名称，还有各地域叫法不同）有一个了解，对各种加工工艺、用料特点、装饰、形式、等级有一定的了解，这是很重要的。对于初学者，必须跟紧一个项目施工的全过程，方能编制好仿古建筑的预算书。

十、园林绿化定额的特点

（1）地形的处理，应注意挖、填、运、装各个环节，使用不同的定额子目。

（2）反季节施工，所发生的额外费用，应当另行计算。

（3）实际施工中，因工程性质的不同，乔木的供应方式也不同：一般要求的苗木称为工程苗，要求形态的苗木为景观苗，因此二者价格不同，建议各地应按类进行公布指导价。

（4）苗木方面应作为预算的主要文件，一并附在预算后。其内容包括：定额编号，苗木名称，设计规格（高度、胸径、蓬径，特殊的还有造型要求），数量，单（株）价，复价，价格来源（超规格，按市价计，必须注明）等。便于采购，检查施工实际规格，上级审核。

（5）苗木的单价，应综合考虑采购费、运输及包装费，因场地问题不能直接运至现场，应计算二次运费，一般要在投标书中的施工组织设计明确。

（6）注意同一规格苗木因品种，习性不同，技术要求也不同，定额也不同。例如：苗木有落叶和常绿之分，一般常绿品种需带土球，土球的大小根据品种生长要求和种植要求，以保证成活率，同时套用相应规格的子目。

（7）注意进土，或换种植土方，必须有甲方现场验收。

（8）假山工程量计算一般以进料单，甲方签证。

（9）应当注意招标文件以及合同的养护时间，以便计算养护费用价格。

（10）计量单位。园林绿化计量单位，一般计量单位是：

① 以"株"计量的工程内容有：树木种植，落叶树木种植；挖掘树木及灌木；挖掘落叶树等。

② 以"平方米"计量的工程内容有：铺设草皮；花坛配置种植；园地平整及园路铺设等。

③ 以"延长米"计量的工程内容有：高绿篱种植；低绿篱种植；花绿篱种植等。

④ 以"立方米"计量的工程内容有：各种色块石假山；太湖石假山等。

总的说来，园林绿化计量单位比较简单。

对于园林绿化定额的使用，一般要求预算人员，要有一点园艺知识、造林技巧、专业名称的基础知识及植物习性、养护的规律了解。这里仅在从定额角度做一个简单介绍。

十一、园林建筑工程的结算

园林建筑工程的结算，一般需要如下依据和资料：

（1）工程竣工报告和工程验收单。

（2）招标文件、投标报价及合同和有关规定。

（3）施工图预算清单（包括编制说明）。

（4）预算外费用现场签证。

（5）材料、设备和其他各项费用的调整依据。

（6）以前年度的结算，当年结转工程的预算（当定额单价核算较多时，要列出换算方法）。

（7）经审批的补充修正预算。

（8）有关定额、费用、调整的补充规定。

（9）建设、设计单位修改或变更设计的通知单。

（10）建设单位、施工单位合签的图纸会审记录。

（11）隐蔽工程检查、验收记录。

以上是笔者对在各地进行施工的园林古建筑工程预（决）算编制工作中的体会，结合目前定额管理的实际情况和本人习惯做法进行的总结，将20世纪90年代始，多次在企业、院校讲授的书稿修改而成，仅供大家参考。

第二节　园林工程投标报价技巧

建设工程投标是我国建设领域的一项基本制度，依据是中华人民共和国招投标法。近年来，园林工程的竞争非常激烈，合理低价竞标是理性取得中标资的唯一途径，进一步增加了人们对投标行为所面临风险的关注。因此，如何运用报价技巧和风险防范的对策，实现科学理性的报价，既要能在激烈的竞争中立于不败之地，又能在中标后取得良好的经济和社会效益，是园林企业经营者必须认真研究的课题。

一、策略分析

投标策略是指投标人从项目接洽到招标完备的全过程进行布置及其所采取的手段。投标人在参加工程投标前，首先要关注招标文件的制定过程，组织相关人员进行投标策略分析及标书评审工作。通常情况下，投标策略主要考虑以下三个方面：

（一）项目情况

需要充分了解业主的社会地位，掌握业主对价格的态度和倾向，分析其项目的前景、工程特点、建设规模、项目性质、市场环境以及施工现场条件，研究招标文件内容。

（二）对手情况

研究对手是确定报价的基础之一，针对业主倾向，来决定自己的报价。还需要重点分析投标单位的背景及实力强的单位，了解对承接工程跟踪的深度，掌握对方过去投标的报价规律、相互了解程度和准备争取的报价手段与策略等各方面信息。

（三）自身情况

需要对自身的状况以及竞争优劣、利弊等各方面因素进行综合分析，结合当前生产经营情况，特别是项目组织及成本控制的情况，这是最终决定报价的关键。

二、技巧运用

投标报价是根据企业的投标计划，需经历询价、估价、报价三个阶段。一般情况下，在总价基本确定后，技巧的运用关键是如何调整各个子目的报价。合理报价既可提高中标几率，又能在竣工结算时得到良好的经济效益，巧妙地化险为夷，进一步加快资金回笼。根据笔者多年来工作实践的积累，重点归纳如下几点：

（1）常用项目可报高价，如土方工程、混凝土、砌体、铺装等，大多在前期施工中能回收工程款，而在后期施工的项目报价可适当低一些，同时可以解决资金回笼慢的问题。

（2）通过施工图纸和现场勘察，与提供的工程清单进行分析，预计工程量会增加的项目，单价适当提高，这样在最终结算时可增加工程造价。将工程量可能减少的项目单价降低，工程结算时损失不大。

（3）与设计单位联系，掌握设计阶段的讨论内幕，了解设计方面上有争议可能变更的项目，可能变更的项目要低报价。

（4）设计图纸不明确，根据经验估计会增加项目和暂定项目中，估计自己能承包的项目可报高一些，对概念含糊，将来可能发生争议的项目和暂定项目中，估计自己将受到专业限制不能承接的项目可报低一点。

（5）园林工程大多使用固定单价和工程量可调的合同，应注意控制工程量，提高价。

（6）招标文件中明确投标人附件"分部分项工程清单综合单价分析表"的项目，应注意将单价分析表中的人工费和机械费报高，将材料费适当报低。通常情况下，材料往往采用业主认价，从而可获得一定的利益。

（7）特种材料和设备安装工程编标时，由于目前参照的定额仍是主材、辅材、人工费用单价分开的，对特殊设备、材料，业主不一定熟悉，市场询价困难，则可将主材单价提高。而对常用器具、辅助材料报价低。在实际施工中，为了保证质量，往往会产生对设备知材料指定品牌的情况，承包商则可利用品牌的变更，向业主要求适当的提高单价，这是提高效益的途径。

（8）苗木报价。注意本土植物及特色品种报高，外地引进植物树种宜低，因为外地引进植物变更的可能性较大。

（9）对于一些大型的分期的项目，可将一些先期总价报低一些，通过自身技术优势，进一步优化设计，提高景观效果，抓好过程签证，取得效益。然后利用一期施工中建立起来的社会关系、信誉以及成功的经验可以继续施工，节约了开办费用。

（10）不少招标文件中存在缺陷，对投标人有利而含糊的过错或错误的条款，答疑时注意策略，以免提醒业主及其他投标人。在项目施工中，可利用含糊或错误进一步洽商，以达到效益最大化。

（11）技术标是投标文件的重要组成部分，项目子项可多项选择或设计降低标准时，可在方案中明示，中标后可以追溯。

虽然运用技巧可以降低风险，取得中标或能争取利益的效果，但投标报价时必须认真核对施工图纸、复核工程量清单，特别是对报低单价的项目，若实际工程量增加，将会造成巨大的经济损失。因此，报低单价也要控制在合理的幅度内，同时避免引起业主的反感。

三、把握的原则

由于清单报价按照"量价分离"的原则，它是要求投标人根据提供的统一工程量和拟建项目情况的描述要求，结合项目、市场、风险以及企业的综合实力自主推行新型计价模式，其实质内容是"统一量、指导价、竞争费"，所以投标报价应遵循以下原则：

（一）合理报价的原则

通过分析业主、竞争对手、自身等综合因素，确定其合理的报价。报价规律为：合理的成本加造价管理部门发布的指导利润。

（二）合理低价的原则

报价规律为：集约性成本加低于行业造价管理部门发布的指导利润。当前面临的竞标仍不是越低越好，而是科学合理地计算和测算得出的适当低价。投标的目的本就是为承接业务争取利润，绝对不能出现无利可图的投标报价，除因特殊的原因出于某种策略考虑外，都是应规避的，否则，很容易面临落标，甚至会产生废标的危险。同时，无序竞争也将极大地降低企业的信誉度，致使社会对企业的综合实力产生质疑。

（三）低价中标、高价索赔原则

报价规律为：集约性成本加微利，这是当前国际社会上最常用的一种方法，国内大多承包商有畏惧心理，实际上，中标后既可以向管理要效益，也可以通过索赔等方式取得投标时无法取得的利润，尤其是在利用现行的 GF—1999—0201 标准合同示范文本的情况下，坚持把握文本的条件，将会给企业带来某些无法预计的利润空间。

四、结束语

目前，园林工作建设招投标的报价形式大多采用工程量清单计价，也是国际上通行的做法。当前的投标竞争，不仅仅是技术、管理、装备、信誉、专业水平、资本等多方面的竞争，更取决于投标案策略方法的正确性、预见性，同时也非常讲究技巧。技巧的运用，只有通过实践，针对不同工程的特点和自身优势、劣势，审慎运用，不断积累，不断探索，才能从中获胜。投标报价不能完全依赖企业的现行经营及成本管理水平，因其可能是低效率、高成本水平，所以应当注意积累收集投标市场的数据，参考同行企业的先进水平至少是主要竞争对手的管理状况，这才是真正的竞争力，使企业得到可持续发展。

第三节　工程造价实例

工程预算书

招　标　人：_____

工　程　名　称：_____重檐六角亭工程_____

投标总价(小写)：_____119078.96_____

　　　(大写)：___壹拾壹万玖仟零柒拾捌圆玖角陆分___

投　标　人：_____
　　　　　　　　　　（单位盖章）

法 定 代 表 人

或 其 授 权 人：_____
　　　　　　　　　　（签字或盖章）

编　制　人：_____
　　　　　　　（造价人员签字盖专用章）

编 制 时 间：　2015 年 5 月 14 日星期四

编 制 说 明

1. 本次报价根据设计图纸、套用 2007 年《江苏省仿古建筑与园林工程计价表》及 2009 年《江苏省费用定额》编制计算。

2. 建筑类型为重檐六角亭钢筋混凝土及木混合结构，3.2m 标高以下为钢筋混凝土结构，3.2m 以上为木结构，屋面为蝴蝶瓦屋面，坐槛墙体为青砖青灰墙，亭内地面为方砖地面，混凝土及木结构外饰面均为调和漆内道。

3. 报价中不含材料及综合人工调价。

4. 预算书中对图纸与定额不符的部分均进行了换算。

单位工程投标报价汇总表

工程名称：重檐六角亭工程　　　　标段：　　　　　　第　页　共　页

序号	汇总内容	金额(元)	其中：暂估价(元)
1	分部分项工程量清单计价合计	105218.69	
2	措施项目清单计价合计	5860.18	
2.1	现场安全文明施工	1157.40	
3	其他项目清单计价合计		
3.1	暂列金额		
3.2	专业工程暂估价		
3.3	计日工		
3.4	总承包服务费		
4	规费	3998.84	
5	税金	4001.25	
	投标报价合计＝1＋2＋3＋4＋5	119078.96	

【新点 2008 清单造价江苏版 V9.2.21】

分部分项工程费综合单价

工程名称：重檐六角亭工程　　　　标段：　　　　　　第　页　共　页

序号	定额编号	换	定额名称	单位	工程量	金额	
						单价	合价
1			重檐六角亭			105218.69	105218.69
2	1-121		人工平整场地	m²	101.490	3.46	350.75
3	1-172		C15 非泵送商品混凝土垫层	m³	1.250	276.54	345.68
4	1-265	换	C25 商品混凝土非泵送无梁式混凝土带形基础	m³	2.140	308.84	660.92
5	1-189		M5 标准砖基础	m³	4.460	257.57	1148.76
6	1-248		防水砂浆防潮层	m²	7.110	10.56	75.07
7	1-22		人工挖三类干土地槽、地沟深度在 2m 以内	m³	17.910	27.90	499.69
8	1-127		夯填基(槽)坑回填土	m³	10.060	18.92	190.34
9	1-238	换	青灰青砖墙	m³	2.830	390.44	1104.95
10	1-901		100 厚青石压顶	m³	6.570	319.19	2097.09
11	1-125		夯填地面回填土	m³	1.750	16.91	29.59
12	1-750		楼地面碎石干铺垫层	m³	0.580	103.92	60.27
13	1-753		C15 非泵送商品混凝土楼地面不分格垫层	m³	0.580	278.92	161.77
14	2-77		地面铺方砖(35×35)cm²	m²	5.850	218.76	1279.72
15	2-160		踏步、阶沿石安装	m²	0.600	597.91	358.75
16	2-163		菱角石安装	m²	2.700	870.31	2349.83
17	2-39		半墙坐槛面有雀簧宽＜40cm 有线脚	m	8.000	286.77	2294.18
18	2-561		吴王靠断面 62×107 制作竖芯式	m	6.500	379.97	2469.79
19	2-563		吴王靠断面 62×112 制作葵式	m	6.500	590.28	3836.83
20	1-479		现浇构件钢筋直径(mm)φ12 以内	t	0.200	4878.75	975.75
21	1-281		C25 商品混凝土非泵送矩形柱	m³	0.350	330.29	115.60
22	1-284		C25 商品混凝土非泵送圆形柱	m³	0.980	336.08	329.36
23	1-297		C25 商品混凝土非泵送矩形梁(枋)	m³	0.900	311.48	280.33

续表

序号	定额编号	换	定额名称	单位	工程量	金额 单价	金额 合价
24	1-479		现浇构件钢筋直径(mm)φ12以内	t	0.300	4878.75	1463.63
25	1-480		现浇构件钢筋直径(mm)φ12以外	t	0.400	4599.07	1839.63
26	2-174		石鼓磴安装	只	6.000	103.35	620.12
27	2-176		礏石安装	块	6.000	107.50	645.00
28	2-377		檐口桁条<φ20cm	m³	0.565	2450.99	1384.81
29	2-371		檐口枋厚<8cm	m³	0.291	4574.72	1331.24
30	2-367		圆梁(爬梁)<φ24cm	m³	0.283	4183.68	1183.98
31	2-367		圆梁(抹角梁)<φ24cm	m³	0.193	4183.68	807.45
32	2-367		圆梁(承椽枋)<φ24cm	m³	0.451	4183.68	1886.84
33	2-372		枋子夹底厚<12cm	m³	0.246	4268.14	1049.96
34	2-377		檐口桁条<φ20cm	m³	0.386	2450.99	946.08
35	2-364		立柱圆柱φ20cm	m³	0.300	2341.02	702.31
36	2-367		雷公柱<φ24cm	m³	0.095	4183.68	397.45
37	2-433		老戗木周长<72cm	m³	0.712	5236.13	3728.12
38	2-436		嫩戗木周长<58cm	m³	0.326	9563.66	3117.75
39	2-445		半圆荷包形摔网椽<φ8cm	m³	1.385	3086.22	4274.41
40	2-452		立脚飞椽<(6×8)cm	m³	0.686	5585.97	3831.98
41	2-406		矩形椽子周长<30cm	m³	0.269	4071.88	1095.34
42	2-427		矩形飞椽周长<35cm	m³	0.115	4145.61	476.75
43	2-457		关刀里口木<(16×20)cm	m³	0.429	6232.17	2673.60
44	2-461		关刀弯眠檐<(6.5×2.5)cm	m	24.000	27.66	663.86
45	2-471		菱角木,龙径木<(10×22)cm	m³	0.151	4645.62	701.49
46	2-474		硬木千斤销<(7×6×70)cm	个	12.000	130.49	1565.88
47	2-467		摔网板厚<1.5cm	m²	24.000	74.99	1799.81
48	2-468		卷戗板厚<1cm	m²	19.200	67.31	1292.29
49	2-501		里口木<(6×6.5)cm	m	24.000	29.95	718.70
50	2-504		眠檐、勒望<(2×6)cm	m	30.300	6.89	208.65
51	2-507		垫拱板门肚板厚度25	m²	12.000	431.03	5172.32

续表

序号	定额编号	换	定额名称	单位	工程量	金额	
						单价	合价
52	2-565		挂落断面 57×77 制作五纹头宫万式	m	7.500	233.04	1747.80
53	2-517		宫式古式木短窗扇断面 58×78 制作(枋板材)	m²	3.840	787.11	3022.49
54	2-541		短窗框扇安装(不含摇梗楹子)	m²	3.840	46.78	179.63
55	2-195		M5 蝴蝶瓦屋面多角亭	m²	53.200	123.99	6596.48
56	2-215		M7.5 滚筒戗脊＜3m	条	12.000	733.86	8806.32
57	2-226		垂脊	m	7.670	71.13	545.54
58	2-511		清水望板厚度 18	m²	53.200	69.84	3715.54
59	1-799		亭 SBS 卷材防水层(冷粘法)	m²	53.200	60.26	3205.78
60	1-486		钢丝网屋面 2 网 1 筋	m²	53.200	62.58	3329.20
61	2-239		蝴蝶瓦檐口花边滴水花边	m	17.590	7.95	139.77
62	2-240		M5 蝴蝶瓦檐口花边滴水	m	17.590	12.54	220.54
63	2-262		M5 屋脊头六角状宝顶	只	1.000	409.26	409.26
64	2-604		单层木窗底油 1 遍、刮腻子、调和漆 2 遍	m²	7.488	30.84	230.90
65	2-607		柱，梁，架，枋，桁古式木构件底油 1 遍、刮腻子、调和漆 2 遍	m²	102.193	16.09	1644.49
66	2-608		斗栱，云头，戗角，椽子等零星木构件底油 1 遍、刮腻子、调和漆 2 遍	m²	173.681	18.91	3283.96
67	2-606		其他木材面底油 1 遍、刮腻子、调和漆 2 遍	m²	126.288	12.25	1546.52
			【合计】				105218.69

【新点 2008 清单造价江苏版 V9.2.21】

措施项目清单与计价表(一)

工程名称:重檐六角亭工程　　　　标段:　　　　　　第　页　共　页

序号	项目名称	计算基础	费率(%)	金额(元)
	通用措施项目			1799.24
1	现场安全文明施工		100.000	1157.40
1.1	基本费	工程量清单计价	0.700	736.53
1.2	考评费	工程量清单计价	0.400	420.87
2	夜间施工	工程量清单计价	0.100	105.22
3	冬雨季施工	工程量清单计价	0.050	52.61
4	已完工程及设备保护	工程量清单计价	0.100	105.22
5	临时设施	工程量清单计价	0.300	315.66
6	材料与设备检验试验	工程量清单计价	0.060	63.13
	合　计			1799.24

【新点 2008 清单造价江苏版 V9.2.21】

措施项目清单与计价表(二)

工程名称：重檐六角亭工程　　　　标段：　　　　　　第　页　共　页

序号	项目名称	金额(元)
	通用措施项目	
1	二次搬运	
2	大型机械设备进出场及安拆	
3	施工排水	
4	施工降水	
5	地上、地下设施，建筑物的临时保护设施	
6	特殊条件下施工增加	
	专业工程措施项目	4060.94
7	脚手架	1455.26
8	模板	
9	支撑与绕杆	
10	混凝土、钢筋混凝土模板及支架	1856.14
11	垂直运输机械	749.54
	合　　计	4060.94

规费、税金清单计价表

工程名称：重檐六角亭工程　　　　　标段：　　　　　　　第　页　共　页

序号	项目名称	计算基础	费率(%)	金额(元)
1	规费		100.000	3998.84
1.1	工程排污费	分部分项工程费＋措施项目费＋其他项目费	0.100	111.08
1.2	建筑安全监督管理费	分部分项工程费＋措施项目费＋其他项目费		
1.3	社会保障费	分部分项工程费＋措施项目费＋其他项目费	3.000	3332.37
1.4	住房公积金	分部分项工程费＋措施项目费＋其他项目费	0.500	555.39
2	税金	分部分项工程费＋措施项目费＋其他项目费＋规费	3.477	4001.25
	合　计			8000.09

承包人供应主要材料一览表

工程名称：重檐六角亭工程　　　　标段：　　　　　　　　第　页　共　页

序号	材料编码	材料名称	规格、型号等要求	单位	数量	单价（元）	合价（元）	备注
1	ZC0000	青灰		m³	0.265	600.00	158.94	
2	0130070	钢筋	（综合）	t	0.918	3800.00	3488.40	
3	0130071	钢筋	φ<10	t	0.447	3400.00	1519.46	
4	0130090	钢支撑（钢管）		kg	10.131	3.75	37.99	
5	0130120	脚手钢管		kg	59.800	3.80	227.24	
6	0130140	零星卡具		kg	2.310	4.20	9.70	
7	0130161	型钢	（综合）	t	0.104	3900.00	403.65	
8	0130180	组合钢模板		kg	1.853	4.35	8.06	
9	0330040	复合木模板	18mm	m²	4.911	24.00	117.85	
10	0330050	结构成材	枋板材	m³	7.262	2700.00	19606.32	
11	0330051	结构成材	锯材	m³	0.021	1599.00	33.26	
12	0330052	结构成材	枋板材	m³	0.133	2700.00	357.75	
13	0330055	硬木成材		m³	0.048	2850.00	136.80	
14	0330075	毛竹		根	1.951	10.00	19.51	
15	0330120	杉原木	梢径100～120	m³	0.053	900.00	47.79	
16	0330145	杉木		m³	1.745	1300.00	2268.76	
17	0330145	圆木		m³	3.306	1300.00	4297.41	
18	0330150	周转成材		m³	0.459	1065.00	488.62	
19	0417925	C15非泵送商品混凝土		m³	1.858	220.00	408.65	
20	0417935	C25非泵送商品混凝土		m³	4.418	240.00	1060.20	
21	0430060	白水泥	80	kg	1.117	0.52	0.58	
22	0430080	水泥	32.5级	kg	1319.000	0.30	395.76	
23	0530150	标准砖	(240×115×53)mm	百块	30.174	28.20	850.91	
24	0530150	青砖	(240×115×53)mm	百块	18.508	28.20	521.93	
25	0530151	定型砖		百块	0.315	61.00	19.18	
26	0530190	滴水瓦	(200×190)mm	百块	0.827	88.00	72.75	
27	0530200	底瓦	(19×20)cm	百块	38.730	32.00	1239.35	
28	0530210	盖瓦	(16×17)cm	百块	72.629	25.00	1815.72	
29	0530240	沟头瓦	(19.5×12)cm	百块	0.240	220.00	52.80	

续表

序号	材料编码	材料名称	规格、型号等要求	单位	数量	单价（元）	合价（元）	备注
30	0530243	鼓针砖		百块	0.545	186.00	101.30	
31	0530290	花边瓦	(18×18)cm(中)	百块	0.827	120.00	99.20	
32	0530301	花岗岩	（综合）	m²	6.701	250.00	1675.35	
33	0530310	花脊砖		百块	0.261	121.00	31.56	
34	0530403	刨面方砖	(35×35×3.5)cm	百块	0.527	1250.00	658.13	
35	0530404	刨面方砖	(40×40×4)cm	百块	0.224	1500.00	336.00	
36	0530440	坡水砖		百块	0.253	206.00	52.14	
37	0530460	三开砖		百块	0.660	42.00	27.70	
38	0530470	砂(黄砂)		t	0.451	36.50	16.44	
39	0530490	石灰膏		m³	1.251	118.00	147.56	
40	0530540	碎石	5～16mm	t	0.070	31.50	2.19	
41	0530543	碎石	5～40mm	t	0.957	36.50	34.93	
42	0530601	筒瓦	(15×12)cm	百块	6.360	75.00	477.00	
43	0530610	望砖	(21×10.5×1.7)cm	百块	12.261	34.00	416.87	
44	0530630	细灰		kg	4.140	5.00	20.70	
45	0530680	压脊砖		百块	0.253	231.00	58.47	
46	0530720	中砂		t	8.672	36.50	316.52	
47	0630008	铁风圈		付	3.840	1.00	3.84	
48	0630104	插销	450mm	个	1.920	3.50	6.72	
49	0630150	底座		个	0.372	5.60	2.08	
50	0630216	镀锌铁丝	22♯	kg	6.022	4.60	27.70	
51	0630217	镀锌铁丝	8♯	kg	25.105	4.20	105.44	
52	0630261	风钩	150mm	个	3.840	0.50	1.92	
53	0630272	钢丝网	δ＝1	m²	117.040	7.15	836.84	
54	0630290	合金钢切割锯片		片	0.210	61.75	12.94	
55	0630330	扣件		个	10.200	4.30	43.86	
56	0630351	铁钉		kg	22.852	4.10	93.69	
57	0630360	铁鸡骨搭扣		付	3.840	2.00	7.68	
58	0730041	木螺丝	16mm	百只	0.192	2.00	0.38	
59	1230020	平板玻璃	3mm	m²	3.041	20.20	61.43	

续表

序号	材料编码	材料名称	规格、型号等要求	单位	数量	单价(元)	合价(元)	备注
60	1430040	塑料薄膜		m²	5.080	0.86	4.37	
61	1530031	电焊条		kg	13.199	4.80	63.36	
62	1630010	801 胶		kg	0.028	1.80	0.05	
63	1630050	YJ-III 粘结剂		kg	3.062	11.50	35.21	
64	1630165	防锈漆(铁红)		kg	0.310	20.50	6.36	
65	1630170	酚醛调和漆		kg	41.045	9.50	389.92	
66	1630180	酚醛清漆各色		kg	3.456	8.67	29.96	
67	1630190	酚醛无光调和漆(底漆)		kg	46.713	6.65	310.64	
68	1630450	石膏粉	325 目	kg	9.265	0.45	4.17	
69	1630500	松节油		kg	0.046	3.80	0.17	
70	1630530	碳黑		kg	7.405	5.00	37.02	
71	1630610	油漆溶剂油		kg	20.776	3.33	69.19	
72	1730020	APP 及 SBS 基层处理剂		kg	18.886	4.60	86.88	
73	1730030	SBS 封口油膏		kg	3.724	7.50	27.93	
74	1730040	草酸		kg	0.072	4.75	0.34	
75	1730060	防水剂		kg	4.158	1.52	6.32	
76	1730150	桐油		kg	5.100	22.00	112.19	
77	1730200	氧气		m³	4.496	2.60	11.69	
78	1730230	乙炔气		m³	1.954	13.60	26.58	
79	1730240	硬白蜡		kg	0.197	3.33	0.66	
80	2030400	菱角石		m²	2.754	800.00	2203.20	
81	2030420	礴石 400×400×150		块	6.000	80.00	480.00	
82	2030510	踏步、阶沿石		m²	0.612	450.00	275.40	
83	2030580	石鼓磴		只	6.000	100.00	600.00	
84	2230030	SBS 卷材		m²	73.150	27.00	1975.05	
85	2230050	防腐油		kg	0.861	1.71	1.47	
86	2230060	改性沥青粘结剂		kg	71.288	12.00	855.46	
87	2330150	白布		m²	0.827	3.60	2.98	

续表

序号	材料编码	材料名称	规格、型号等要求	单位	数量	单价（元）	合价（元）	备注
88	2330320	煤油		kg	0.289	4.00	1.16	
89	2330360	棉纱头		kg	0.072	5.30	0.38	
90	2330430	砂纸		张	77.695	1.02	79.25	
91	2330450	水		m³	9.469	4.10	38.82	
92	2330520	纸筋		kg	53.307	0.50	26.65	
93	2359300	其他材料费		元	296.622	1.00	296.62	
94	2359997	回库修理、保养费		元	3.954	1.00	3.95	
合计							53405.32	

【新点 2008 清单造价江苏版 V9.2.21】

工 程 量 计 算 书

工程名称：重檐六角亭工程

定额号	项目名称	单位	数量	计 算 式	备 注
一	重檐六角亭				
1-121	平整场地	m²	101.49	正六边形边长：2.25m 2.5981×6.25×6.25	按每边各加2m计算
1-172	基础C15混凝土垫层	m³	1.25	长 宽 厚 1.5×6×1.39×0.1	按实际体积计算
1-954	基础垫层模板	m²	1.80	长 宽 高 1.5×6×2×0.1	按实际模板接触面积，周长×高度计算
1-265	基础C25混凝土垫层	m³	2.14	长 宽 厚 1.5×6×1.19×0.2	按实际体积计算
1-956	基础模板	m²	3.60	长 宽 高 1.5×6×2×0.2	按实际模板接触面积，周长×高度计算
1-189	砖基础	m³	4.46	长 宽 高 1.5×6×(1.03×0.12 +0.91×0.2+0.79×0.24)	截面为异形按实际体积计算
1-248	水泥砂浆防潮层	m²	7.11	长 宽 9.0×0.79	按砖基础水平面积计算
1-22	基础挖基槽	m³	17.91	长 工作面尺寸 宽 工作面尺寸 高 1.5×6×(1.39+0.3+0.3)	垫层混凝土每边加30cm工作面尺寸
1-127	基坑回填土方	m³	10.06	挖方量－垫层量－基础－砖基础量 17.91－1.25－2.14－4.46	实际回填体积
1-238 换	青灰青砖墙240×53×115	m³	3.20	分三个截面按图示实际体积计算， 第一截宽高为0.79、0.12米， 第二截宽高为0.73、0.21米， 第三截宽高为0.24、0.45米	换算用1÷0.243÷0.118÷0.056＝622.7块，损耗计算5%，每立方米用砖计为622.8×1.05＝654块。砂浆换算青灰用量(含损耗)为(1－0.24×0.053×0.11×622.7)×1.05＝0.0936立方米。取消搅拌机台班
				1.5×6×(0.79×0.12＋0.73×0.21＋0.24×0.45)	
	扣混凝土柱所占体积	m³	0.37	(0.4×0.4×0.21＋3.14×0.125×0.125×0.57)×6	
	小计	m³	2.83	3.2－0.37	

续表

定额号	项目名称	单位	数量	计算式	备注
1-901	752×100 厚青石压顶	m²	6.57	1.5×6×0.73	
1-125	地面回填	m³	1.75	正六边形边长：3m 2.5981×1.5×1.5×0.3	回填土厚度 0.3m
1-750	地面碎石垫层	m³	0.58	正六边形边长：3m 2.5981×1.5×1.5×0.1	碎石垫层厚度 0.1m
1-753	地面 C15 混凝土垫层	m³	0.58	正六边形边长：3m 2.5981×1.5×1.5×0.1	混凝土垫层厚度 0.1m
2-77	350×350×45 方砖铺地	m²	5.85	正六边形边长：3m 2.5981×1.5×1.5	按实际面积计算
2-160	150 厚沿阶石	m²	0.60	长　宽 1×0.6	台阶
2-163	300 厚菱角石	m²	0.27	长　宽 0.6×0.45÷2×2 个	台阶菱角石实际面积
2-39	砖细坐槛	m	8.00	1.5×6－1	延长米
2-561	吴王靠制作	m	6.50	1.5×6－1－0.25×6	延长米
2-564	吴王靠安装	m	6.50	1.5×6－1－0.25×6	延长米
1-479	基础钢筋	t		按实际计算	按实际计算
1-281	C25 混凝土矩形柱	m³	0.35	长×宽×高×数量 0.4×0.4×0.36×6	面积×高度×数量
1-966	柱模板	m²		砖膜预留可不考虑	砖模预留
1-284	C25 混凝土圆柱	m³	0.98	截面×高×数量 3.14×0.125×0.125× (3.2+0.12)×6	面积×高度×数量
1-966	圆柱模板	m²	15.64	3.14×0.25×(3.2+0.12)×6	周长×高度×数量
1-297	C25 混凝土梁(枋)	m³	0.90	(长×数量)×宽×高 (3×6)×0.20×0.25	长度×宽×高
1-976	梁模板	m²	12.60	(长×数量)×(宽+高×2) (3×6)×(0.20+0.25×2)	梁底面面积+梁侧面面积
1-479	柱梁钢筋	t		按实际计算	按实际计算
2-174	石鼓 305	块	6.00		按单块计算

定额号	项目名称	单位	数量	计 算 式	备 注
2-176	碌石安装 305	块	6.00		按单块计算
2-377	檐桁条 ϕ20	m³	0.565	长　π　半径　半径　根数 3×3.14×0.1×0.1×6	长度×截面积×数量
2-371	檐口枋 80×120	m³	0.291	（长×数量）×宽×高 （3×6＋2.05×6）×0.08×0.12	长度×截面积×数量
2-367	圆梁 ϕ20 （爬梁）	m³	0.283	长　π　半径　半径　根数 3×3.14×0.1×0.1×3	长度×截面积×数量
2-367	圆梁 ϕ20 （抹角梁）	m³	0.193	长　π　半径　半径　根数 2.05×3.14×0.1×0.1×3	长度×截面积×数量
2-367	圆梁 ϕ20 （承椽枋）	m³	0.451	长　π　半径　半径　根数 2.05×3.14×0.1×0.1×7	长度×截面积×数量
2-372	枋 100×200	m³	0.246	（长×数量）×宽×高 （2.05×6）×0.1×0.2	长度×截面积×数量
2-377	檐桁条 ϕ20	m³	0.386	长　π　半径　半径　根数 2.05×3.14×0.1×0.1×6	长度×截面积×数量
2-364	ϕ200 杉木立柱	m³	0.300	总长　π　半径　半径　根数 1.59×3.14×0.1×0.1×6	长度×截面积×数量
2-367	雷公柱 ϕ200	m³	0.095	长　π　半径　半径 3.04×3.14×0.1×0.1	长度×截面积×数量
2-433	老角梁 170×190	m³	0.712	水平长×数量×斜长系数× 宽度×高度 1.675×12×1.097× 0.17×0.19	
2-436	仔角梁 130×150	m³	0.326	水平长×数量×斜长系数× 宽度×高度 1.27×12×1.097× 0.13×0.15	
2-445	摔网椽 ϕ90	m³	1.385	长　半径　半径　π　数量 1.65×0.045×0.045×3.14×132	平均长度×断面 尺寸×数量
2-452	立角飞椽 65×100	m³	0.686	0.8×0.065×0.1×132	平均长度×宽× 高×数量
2-406	正身椽 70×80	m³	0.269	0.07×0.08×1.0×48	宽×高×总长度×数量

续表

定额号	项目名称	单位	数量	计 算 式	备 注
2-427	矩形飞椽	m³	0.115	0.06×0.08×0.5×48	宽×高×长×数量
2-457	关刀里口木	m³	0.429	0.16×0.18×1.24×12	宽×高×长×数量
2-461	关刀弯眠檐	m	24	2.02×12	按延长米计算
2-471	菱角木	m³	0.151	0.1×0.18×0.7×12	
2-474	硬木千斤销	个	12		
2-467	摔网板	m²	24.00	2×12	面积×数量
2-468	卷戗板	m²	19.20	1.6×12	面积×数量
2-501	里口木	m	24.00	（2.7+1.3）×6	长度×数量
2-504	眠檐、勒望	m	30.30	(3+2.05)×6	长度×数量
2-507	鳖壳板 20mm 厚	m²	12.00	12	
2-565	挂落	m	7.50	(1.5−0.25)×6	按延长米计算
2-517	古式花窗制作	m²	3.84	0.8×0.8×6	面积×数量
2-541	古式花窗安装	m²	3.84	0.8×0.8×6	面积×数量
2-194	屋面蝴蝶瓦	m²	53.20	44.28×1.2015	1.2015 为斜面积计算系数，44.28m² 面积在 CAD 图中直接测量
2-215	戗脊	条	12.00		
2-226	垂脊	m	7.67	1.278×6	长度×数量
2-511	木望板	m²	53.20		同屋面工程量
2-239	檐口花边	m	38.98		长度在 CAD 图纸中用多线段测量
2-240	檐口滴水	m	38.98		长度在 CAD 图纸中用多线段测量
2-262	宝顶	只	1.00		
	油漆				略
1-954	满堂脚手架	m²	5.85	2.5981×1.5×1.5	
1-941	双排外架子	m²	45.36	1.5×6×5.04	长度×6 边×高度
	垂直运输费	项	1		

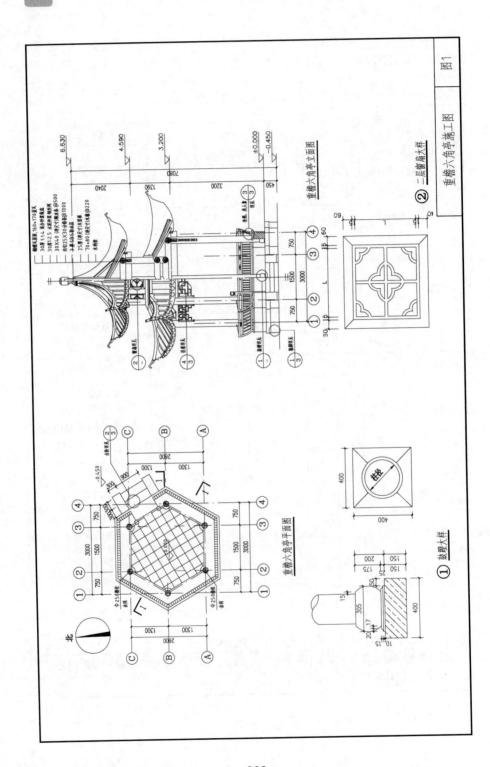

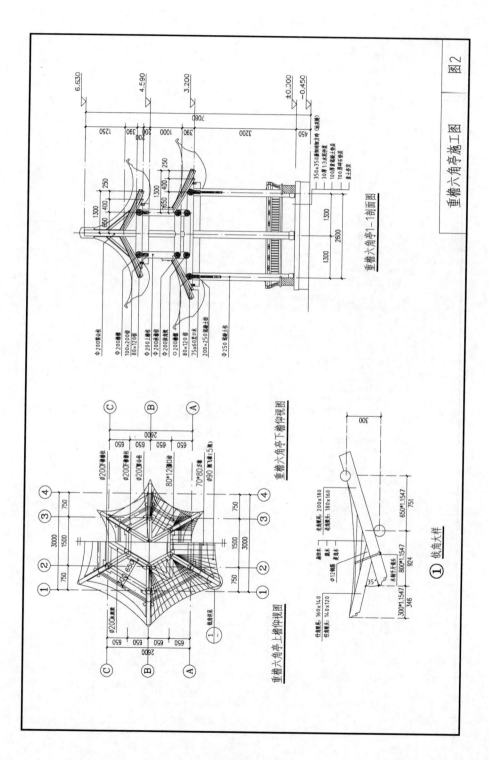

重檐六角亭施工图　图2

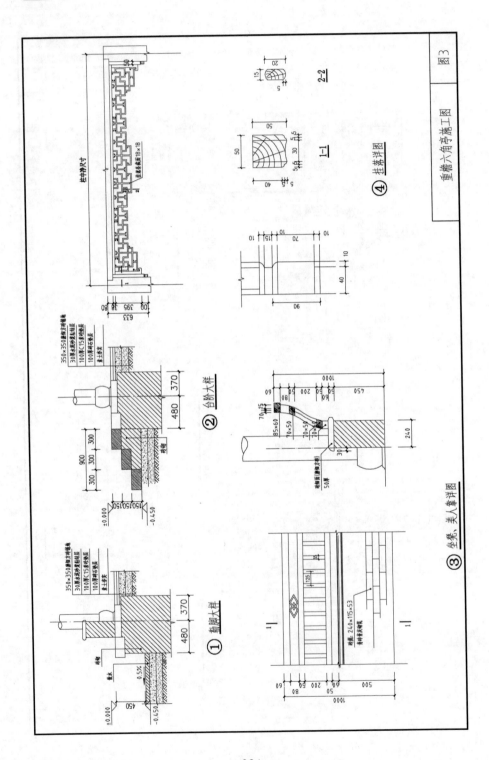

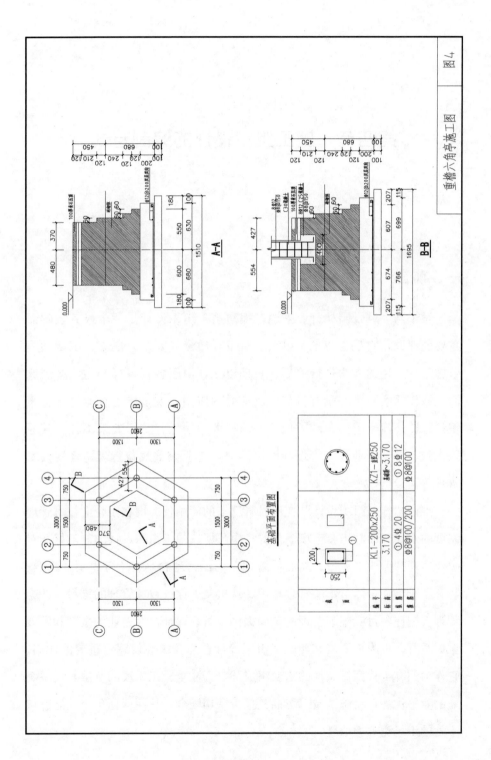

重檐六角亭施工图

图4

第四节　施工组织设计的编制方式

一、前言

对于当今风景园林行业来说，编写施工组织设计是一个极其敏感而重要的课题，它是在技术、组织上对工程质量、安全、成本、工期和季节施工等采用的方法进行策划。长期以来，由于各种各样的主、客观原因，该模式实际上并没有得到广泛有效的应用。大多施工企业"施工组织设计"还流于形式、缺乏规范、编写水平偏低、应用效果不佳，其原因大致包括：企业技术管理制度不健全，企业偏重效益管理、轻视技术管理等。

推进"施工组织设计"在项目管理上的应用，关键在于企业技术管理制度的建立。面对当今市场激烈的竞争环境，施工组织设计编制的好坏对企业实现"低成本竞争、高品质管理"的经营理念具有十分重要的影响。它有利于增强全体员工的管理意识、从机制上保证目标管理的推行，并为管理者把握项目实施与管理的全局提供了可靠保证，对企业的生存和发展至关重要。更为重要的是，施工组织设计在经营中也发挥着重要的作用。它作为园林工程招标文件的重要组成部分，注重施工手段的竞争，反映企业的竞争优势，将施工技术与商务报价密切配合，从而保证了企业能够在激烈的市场竞争中取胜。

基于上述原因，在大力贯彻科学发展观的今天，园林行业主管部门如何跳出其他行业技术标准的圈子，建立一套适合本行业的技术标准；园林施工企业如何加快企业技术标准体系的建设，发挥施工组织设计的作用，提升施工组织设计的编写质量，推广其应用层面，乃当务之急。

二、类别分析

园林建设项目具有面广、量大，涉及专业门类较多，新技术、新工艺、新材料、新设备应用比较超前之特点，与其他行业相比有其独特性。组织设计的编写形式一般可以划分为两类：一类是招标时编制的施工组织设计（简称投标设计），是按照招标文件的要求编写的大纲型文件，追求的是中标和经济效益；另一类是签订工程合同后编制的施工组织设计（实施设计），它又可分为 3 种：施工组织总设计、单体工程施工组织设计、分部（分项）工程施工组织设计（施工方案），追求的是施工效率和经济效益。

三、实际运用

（一）施工组织设计大纲

施工组织设计大纲是根据企业自身实力、响应招标文件的要求而编制的投标技术文件，用于体现竞争能力，反映企业的技术经济管理水平，并对中标后的各项组织控制进行初步策划。按照招标文件的要求及具体情况进行编写。它由经营管理层在总工程师主持下进行编写，是编制施工组织总设计的概念性文件。

（二）施工组织总设计

施工组织总设计是在中标签订合同后，由项目管理层在总工程师的主持下，按照施工组织设计大纲进行整个项目的实施策划，用以指导其建设全过程全面性施工活动的技术、经济、组织、协调和控制的综合性文件。它是需结合现场条件的实际并经业主、设计、监理单位批准的实施文件。主要内容应该包括：工程概况和单项工程名称及其质量、施工总目标、施工组织、施工部署和施工方案，施工准备工作，施工的总体进度、质量、成本、安全、资源、环保和设施等计划和控制措施，以及施工总体风险防范，施工总平面和主要技术经济指标。它是编制单体（项）工程施工组织设计的依据。

（三）单体（项）工程施工组织设计

单体（项）园林工程施工组织设计是在项目经理组织下，由项目工程师负责编制的，按照施工组织总设计，以某一个单项或其中一个单位工程为对象，用以指导其施工全过程、各项施工活动的技术、经济、组织、协调和控制的可操作性文件，一般在实施前进行编制，须经总承包单位的总工程师批准，它是编制分部（分项）工程施工设计的依据。

（四）分部（项）工程施工组织设计

分部（项）工程施工组织设计是由项目工程师审批，依据单位（体）工程施工组织设计的要求，由项目主管技术人员以其中的一个分部（分项）为对象进行编制的，用以指导其各项施工作业活动的专业性文件。它是该项目专业工程具体实施的依据。

四、注意事项

（一）掌握依据，把握原则

园林工程施工组织设计的编写主要是在深刻领会设计意图，根据招标文件的要求深入调查研究的基础上掌握关键数据，结合技术经济定额、工期定额、工艺标准、施工规范、验收标准以及企业的自身情况组织编写。其编制原则：遵守国家法律、法规和合同规定的条款；按照基本建设的程序，坚持合理的施工程序、顺序和工艺，采用高新的施工管理理念，组织流水施工和网络计划，科学安排工期和季节性施工，保证有节奏、均衡和连续地施工；优先选用先进施工技术，科学制定施工方案，控制质量、工期、成本和安全施工的措施；充分利用现代科技手段，大力推进自动化、机械化程度，提高劳动生产率，坚持"安全第一、预防为主"的原则，确保安全生产和文明施工；科学地规划施工平面，减少设施建造。如在某省博览会项目投标中，商务标中提供的清单上，土方开挖量为 1 万 m³。在编制技术标施工组织设计时，发现施工图反映土方开挖量应在 20 万 m³ 以上，故在投标决策时，在控制不影响总体报价的同时，调整下浮了容易变更的其他子目的单价，把握了土方开挖的单价，从而取得了较高的效益。

（二）简明扼要，突出重点

施工组织设计的编制要及时、适用，必须抓住重点，突出"组织"对施工中的人力、物力和方法，时间与空间，需要与可能，局部与整体、阶段与全过程、前方和后方等的周密安排。如在某市投资近亿元的公园工程施工中，由于投标时组织设计中明确突出将公园主干道的结构层安排在前期施工，作为现场的临时道路，起先业主不予认同，我们认为这是投标条件，通过反复讨论，最终取得了业主的认同。这样一来，既节约了近 30 万元的成本，又保证了路床的质量。在编制设计时，首先应注意的问题是对施工部署和施工方案的理解，施工部署关键是"安排"，是组织的指导思想体现。施工方案关键是"选择"，是技术和施工方法的确认，在编制中要努力做到优化。其次要注意施工进度计划，这部分要解决的问题是时间和顺序。主要看时间是否合理利用，顺序是否安排得当。再次是施工现场平面布置，主要解决空间和"投资"问题。它的技术性、经济性均很强，还涉及到占地、环保、安全、消防、用地、交通等政策与法规的问题。如在某省城水景公园投标中，标书工程量清单明确了湖体土方按图开挖，并全部挖运，实行包干。施工时研究制定施工组织设计土方开挖的思路为：在满足沿湖建筑设施施工与地形整体整治同步进行的基础上，合理调配湖体土方开挖的进度，减少了土方的外运，节约了施工的成本。

（三）目标明确，措施得当

目标管理（MBO）要依据中标条件和合同以及对业主的承诺。主要体现工期、质量，所确定其施工目标必须满足并高于合同要求目标，并作为控制施工进度、质量的依据。在施工技术组织措施方面应重点突出，安全保护，保证工程质量，保证进度，降低成本，保证季节施工质量，保证环境、文明施工等技术组织措施。这些措施应争取事前、事中、事后的控制措施。对各项目标的落实、执行和完成情况进行有效的监控，以确保项目的各项目标的顺利实现。如在执行规范标准方面，由于园林行业的规范及评定标准需参照其他行业规范标准，如何参照和整合需在施工组织设计中列出执行规范及评定标准的清单，以免在施工过程中产生执行标准的矛盾。

（四）注意结合、勇于革新

1. 注意与施工项目管理相结合

施工项目管理作为新型的管理学科，已经在国际上广泛推广应用。编制施工组织设计时应注意有关项目管理的规定，使项目管理的具体内容在设计中有所表述，以便进行扩展，使组织设计不仅服务于施工和施工准备，还服务于经营管理和施工管理，在设计编制的方法和管理上做到与施工项目管理相协调。如当前施工招标往往实行低价中标，为了体现其报价的合理性，应当在前组织设计编写各项经济指标的控制标准，特别是成本降低率要合理表述。

2. 注意与管理体系相结合

我国从 20 世纪 90 年代初开始逐步引入和实行 3 个管理标准，即 ISO 9000 质量管理体系、ISO 14000 环境管理体系、OHSMS 职业安全健康管理体系。不少企业通过了三方认证，建立了整合型管理体系，形成了管理手册、程序文件、作业指导书 3 个层次的文件，这是施工管理上的又一个创新，如 ISO 9000 标准对（PDCA）循环法则的要求等需充分体现。因此施工组织设计的编写需遵循管理体系的原则，从而提高体系和施工组织设计的可操作性、有效性、适宜性。

3. 注意与科技进步和技术创新相结合

园林绿化工程很难实现完全按图施工，其艺术效果均须施工经验和因地制宜来实现，因而对设计图纸的理解和想法还需在组织设计中体现，以表述自己的技术优势。同时还要贯彻多层次的技术政策，结合工程特点和现场条件，促进科技进步，使技术的先进性、适用性和经济合理性相结合。防止单纯追求先进而忽视经济效益的形式主义做法，为新工艺、新设备与新技术的应用努力创造条件。

五、结语

园林工程的施工组织设计是施工实施技术与经济的文件，但在项目建设过程中，由于施工人员的技术水平参差不齐，思想重视程度不同，施工组织方式不同，各项目标的实现程度也会受到影响。笔者认为，施工组织设计是对项目管理的规划、设计以及相应的施工方式、技术措施，是一项带有创造性的工作，其应用重点应放在及时和适用上，应当成为施工管理的作业指导书，以保证所有目标的顺利实现。它既是园林工程实现科学管理的重要手段，也是企业科技创新的重要环节，是园林工程施工的"法规"。

第五节　文物保护工程方案编制范例
（以扬州大明寺大雄宝殿修缮文本缩编）

图 9-5-1　大明寺鸟瞰图

一、项目概况

扬州大明寺是一处自然山水与历史文物相结合的名胜古迹（内容略，图 9-5-1）。

二、历史沿革与历次修缮情况

扬州大明寺位于扬州城西北蜀冈中峰，始建于南朝宋孝武帝大明年间（457 年—464 年），故称大明寺。隋仁寿元年（601 年）大明寺内建栖灵塔，塔高九层，大明寺亦因之一度改称为"栖灵寺"；入清，因忌讳"大明"二字，在其后 200 年间，一直称为法净寺；清咸丰年间（1853 年），法净寺毁于战火之中。现存建筑大雄宝殿为同治九年（1870 年）复建；天王殿为民国 4 年（1915 年）修建；1980 年 4 月，为迎接鉴真大师坐像自日本回国"探亲"。这一盛举，将"法净寺"恢复原名"大明寺"；1957 年公布为江苏省文物保护单位，2006 年被公布为全国重点文物保护单位。大明寺曾在民国 4 年（1915 年），民国 23 年（1934 年）进行过修缮，并有碑文记载。新中国成立后，陆续进行过维修。1979 年迎接鉴真座像回乡"探亲"活动，其间进行了两次规模较大的维修。

三、查勘现状

千年古刹保持着昔日的建筑格局，在寺院长期的使用工程中，大雄宝殿出现构件变形，殿宇木柱出现白蚁侵蚀，屋面漏雨，砖瓦酥碱，风化等不同程度的险情，这些险情造成殿宇在使用过程存在一定的安全隐患。

大雄宝殿建筑构造：面阔 5 间，长度 18.7m，进深 5 间，长度 20.10m（图 9-5-2），屋顶为重檐歇山顶（图 9-5-3）。大雄宝殿距离上一

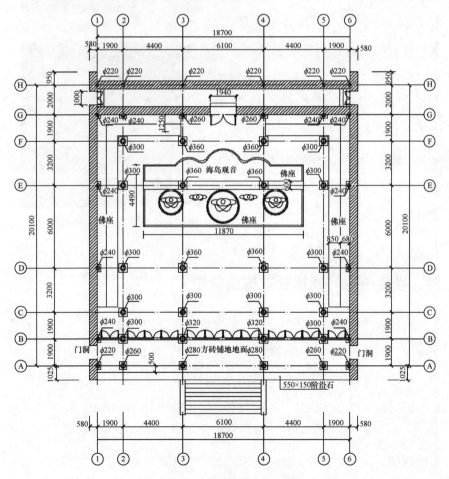

图 9-5-2 大雄宝殿平面图

次维修已 30 年。通过测量，外观墙体未发现异常情况，除西北角柱下沉 5.5cm，前后檐口木构变形外，地基与木构架基本完好。主要存在以下问题：北檐角柱下沉 5.5cm；东、西、北室外地面高于大殿地面，地面有返潮现象，尤其靠墙面下部潮湿比较严重；室内方砖施工质量较差，表面不平，还有水泥地面，与传统风貌不符合；廊桁、廊枋、梓桁断面偏小，檐口变形严重；歇山山花板、封檐板损坏严重。屋脊损失严重，屋面漏雨，望砖酥碱，屋面石灰有时会掉落在地上；墙体抹灰大面积剥落，佛座做法与传统风格不符；油漆剥落，木构架油漆存在开裂、剥落现象；电器设备老化，电灯开关、电箱皆较陈旧，线路复杂，从木构架上铺设存在一定安全隐患（图 9-5-4）。

图 9-5-3　大雄宝殿立面图

图 9-5-4　大雄宝殿木构架残损图

四、勘察结论与残损状况等级鉴定

通过上述的论述，我们在本次的勘察工作过程中已对大雄宝殿的残损情况做了一次较为细致的勘察。针对大雄宝殿的地基、木构架、屋盖瓦顶、墙体装饰及其附属部位所存在的多种残损病状有了一个全面系统的认识。同时由于部分檐柱处于隐蔽状态，隐患的因素尚未确定，待维修过程中进一步考察。由此我们认为建筑的损坏情况和结构的可靠性状况可以简要的归纳为以下几点：大雄宝殿木构架的整体结构完好，但前后檐口的变形情况严重，从而会引发起广泛的连锁损坏现象；殿宇屋面漏雨严重，已经影响正常使用，屋脊，脊兽损坏、缺失较多，影响建筑整体外观；地面凹凸不平，部分地面是水泥修补；佛坛后人新做，与传统做法不符；电器设备老化，线路紊乱，存在一定的安全隐患；大雄宝殿的东、西、北室外地面高于大殿室内地面，墙体下部受潮比较严重；殿宇受虫害较严重，不彻底根治会影响结构安全；外观环境与传统风格不符，影响景观效果。

基于上述原因，根据中华人民共和国《古建筑木结构维护与加固技术规范》（GB 50165—92）第 4.1.4 条古建筑的可靠性鉴定类型为Ⅱ类建筑，属于重点维修工程；根据《文物保护工程管理办法》（2003 年）第五条分类属于修缮工程。

五、修缮设计方案

（一）设计依据（略）

（二）修缮设计的目标

（1）保护和修缮大雄宝殿文物建筑，应忠实于保存和继承其清同治年间以及民国年间所特有的结构特征、建筑风格、历史信息及其文化底蕴。

（2）保护和整治院落及周边环境，忠实的保存和传承其清同治年间特有的建筑布局特点和院落景色。

（3）综合治理，标本兼顾，全面修缮，立足于彻底排除存在于建筑内的多类残损险情与结构隐患。

（三）修缮设计的基本原则

所有工程技术措施遵守《中华人民共和国文物保护法》关于"不改变文物原状"的原则，最大限度地保留和使用原有构件也是本设计的基本工作目标；所有工程技术措施遵守真实性原则，严格考证，有据可依，尽可能根据历史资料及各种相关的遗存、遗物复原；坚持"三原"的原则，保护其文物构建的建筑风格和建筑特色，除设计中为了更好地保护文物建筑的安全而利用的修补、加固材料外,其他所有维修更换的材料均坚持原材料、原形制、原工艺;可识别原则。在环境风貌协调一致的前提下,对新换构件进行标识,体现真实性与可识别性原则、安全与有效原则。由于大明寺游客量较大,应满足结构要求、安全疏散要求、消防要求、避雷要求等。

(四)修缮设计要求

本次修缮以揭瓦不落架的手法对木构架进行牮正与加固,由于局部隐蔽及相关部件尚未彻底看清楚,在脚手架搭好后,应对建筑进行全面的再次复勘,进一步勘查建筑破损情况,尽量保留原构架。根据损坏情况采用环氧树脂、考虑碳素纤维材料或铁件等加固。观测木柱槽朽及虫蛀情况,根据《古建筑木结构维护与加固技术规范》进行墩接、灌注、拼绑或更换。还需要注意选用优质同类材料,木柱含水率不得超过 20%,板类不得超过 15%,油漆使用传统材料及工艺,应使用桐油和国漆;拆除屋顶时要详细注意屋脊的构造情况、样式,并注意拍要灰塑品照片。按照原材料,原规格,原材质添配构件;采用传统粘结材料及粉刷材料,新材料及新工艺必须要充分论证其可靠性;地面:原材料,原规格,原材质添配。工艺及基层处理采用传统做法;施工过程中应有完整的施工记录、照片、录像资料,对修缮变更之处进行档案记录。

大雄宝殿具体修缮设计内容见表 9-5-1。

表 9-5-1　大雄宝殿具体修缮设计内容

序号	部位	现状	修缮内容	备注
1	屋面	屋面漏水、檐口变形,望砖酥碱,屋脊损坏、缺失	揭顶修缮 ——使用做细望砖,更换屋面原有的望砖,尺寸按现状大小复制 ——增加 SBS 防水层、自粘网一层 ——拆除旧瓦,定制原规格的新瓦,挑质量好的用于山门殿及围墙,屋脊、脊兽按原样新做	

续表

序号	部位	现状	修缮内容	备注
2	大木构架	前后檐廊桁、廊枋、梓桁直径偏小，廊枋变形，承椽枋组合断面不能共同工作而变形，椽口椽子腐朽，仔角梁腐朽，后檐西角柱下沉 5.5cm	——揭瓦后复核测量变形情况，打牮拨正，更换腐朽椽、里口木、瓦口板、勒望木。勘查埋墙柱的损朽情况，剔除损朽部分，根据情况进行修补、墩接，并对埋墙柱和与屋面相接触物件进行防腐处理 ——廊桁、梓桁加固，梓桁上口采用材料补齐，下口或中部增加支撑点 ——廊枋、承椽枋使用环氧树脂、碳纤维布和铁件加固 ——仔角梁更换 ——后檐西角柱下沉 5.5cm，因其处于隐蔽位置无法查勘，待修缮时进一步查清，确定方案	
3	墙体	粉刷粗糙、空鼓、脱落，佛座上使用现代瓷砖铺贴，装饰板做法与传统风格不符	——墙下脚部位做防水处理，内墙粉刷按传统方法新做，后檐墙恢复原清水墙 ——景窗做法采用砖细做法 ——佛台按传统风格新做，原结构不动	
4	地面	方砖不平，粗糙，部位为水泥地面	——采用传统做法，按原规格方砖新铺	
5	小木与油饰	后檐东门损坏严重，且东、西门不对称，木构件油漆起皮、脱落；山花板、封檐板损坏严重。	——东、西门按传统做法换新 ——山花板、封檐板新做 ——按传统方法重新做油漆，颜色与现状相同	
6	防潮	建筑东、西、北室外地面均高于大殿室内地面	——大殿的东、西、北面做低于室内地面的防水排水沟	

专项保护工程如下：① 消防设施；② 排水系统；③ 电力设施；④ 防雷措施；⑤ 防虫防腐；⑥ 佛像保护。

六、主要项目施工技术方案

（一）保（防）护

（1）室内保护：配好篷雨布，保证每天晚上及雨前屋盖上满铺；沿檩条下口及利用室内满堂脚手固定篷雨布，并用木条压实，确保室内防雨、防水；明照部位及两山壁龛佛像上口，采用木枋作楞木，四周用复合板封闭。对明照进行上下、左右平衡控制，以便屋面卸荷后明照变形，是本次修缮的难点（图9-5-5、图9-5-6）。

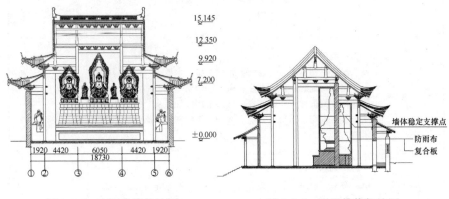

图9-5-5　边间佛像保护图　　　　图9-5-6　明照佛像保护图

（2）室外保护：砖细墙面采用木枋，复合板全部封闭，以防施工时损坏；建筑物四周场地分隔，石碑、香炉四周采用钢管搭设，竹笆作围护墙，外设密目网围护；所有上下踏步均采用木板封闭后作为施工通道；

（3）施工脚手：根据本工程的特点及高度要求，外围全部采用φ48钢管扣件双排脚手（图9-5-7），设水平竹笆三道，外围全部采用密目网封闭。在大殿的西南角设坡形工作梯，二、三层重檐上下分别在西南、东北设上下垂直梯，采用钢管与脚手架连接，在北侧设置垂直人行梯，建筑物的四周均设接料平台（图9-5-8）；双排扣件式钢管脚手架，立杆纵距1.5m

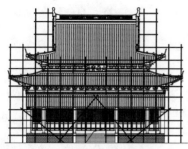

图 9-5-7　外墙双排脚手

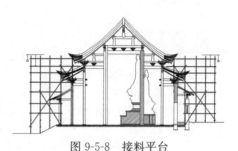

图 9-5-8　接料平台

以内，大横杆距 1.2m；室内搭设满堂脚手及上下坡形工作梯，直至屋面的底部（图 9-5-9）；在大殿的东廊入口及北侧搭僧人、游人通道。通道与施工现场全部隔离，通道采用钢管搭设，上口采用竹笆，密目网双重封闭，两侧采用胶复合板封闭，严格按照安全操作规程的标准进行搭设。

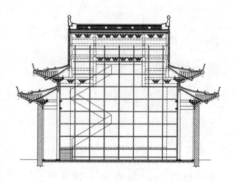

图 9-5-9　室内满堂脚手

（二）拆除工程

首先按照僧人及文物保护的要求，瓦件拆卸之前应先切断电源并做好内、外檐装修及室内屋顶棚的保护工作。考虑到卸荷均匀，应四边同时拆除，拆卸瓦件时应先拆揭勾滴（或花边瓦），并送到指定地点妥为保管，然后拆揭瓦面和垂脊、戗脊、围脊等，最后拆除大脊。

（三）木构架工程

及时检查木构体系，如需更换木构件，应及时复制更换，用料一致。注意收集旧料，因本工程的木构架体系用料偏小，根据保护设计方案，本工程拟对柱子采用粘贴碳纤维布（CFRP）的方法进行加固。

（四）屋面工程

屋面施工的程序是：先做脊后盖瓦。① 望砖；② 盖瓦（图 9-5-10）；

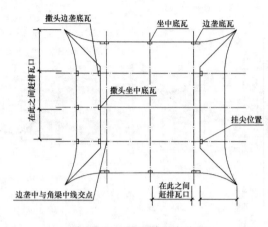

图 9-5-10　屋面盖瓦定位图

③ 筑脊；④ 泥塑艺术品件：灰塑件的各种材料的材质、规格、配合比应符合恢复原样的要求；对恢复原样的材料发生变化，亦经建设单位、文物部门同意后方可变更；泥塑制品表面光滑，线条清晰流畅，形象生动逼真，层次清楚，立体感强，安装牢固正直，结合严密，表面洁净；认真按照原样，放大样、套样求作底样，并反映原建筑历史特点和风格。

（五）油漆工程

木基层处理：柱子需砍去原地仗重新做地仗，其余采取个别处破坏，找补地仗即可；各遍灰之间及地仗与基层之间应清理干净，粘结牢固，无脱层、空鼓、翘皮和裂缝等缺陷。

七、工程概算表（略）

后 记
Postscript

本书是在我的博士论文"中国园林古建筑施工项目管理研究"的基础上修改而成稿的。前些年间我写了一些关于招投标、投标报价、质量、施工管理、技术管理、成本管理的相关文章，发表后引起中国建材工业出版社的关注，该社希望我能写一本关于"园林古建筑项目管理"的论著。由于公务繁忙，一直未静下来思考和动笔。在我读博士课程期间，我也思考过，是否作为博士论文来写。到论文开题阶段，清华大学侯炳辉教授针对我的行业与我探讨论文研究方向。当我提出原有的设想时，侯先生认可并指出园林古建筑项目管理的研究是一个很有意义的课题。虽然长期从事这方面的工作，但理论基础较为薄弱琐碎，不够系统化。在繁忙的工作中，凭着找寻知识、挑战自我的信念，我决定选择这一研究课题。随着学习的深入与收集整理资料工作的一步步进展，我深感完成这一工作的确并非易事！在侯老师的悉心指导和耐心的鼓励下，从论文开题、调研、整理材料到写作成稿，都是有序而顺利的进行。

由于在职攻读博士学位，不仅要完成繁忙的工作事务，并且学习的压力也很大。值得记忆的是，在艰苦求学的过程中，我得到了侯老师的悉心帮助。先生高瞻远瞩的专业思想，清晰通达的指导方法，诲人不倦的精神与严谨务实的作风都给了我极大的鼓励。在侯老师的悉心指导下，我理清了研究的路径。随着很多重点与难点问题的研究深入，论文的写作得到了顺利的开展。

通过一年多的写作，论文工作结束，并顺利通过答辩，现在又整理为书稿。第九章中的工程造价实例部分，图纸由意匠轩设计院刘德林同志绘制，工程造价的计算由翟良华同志编制，作者仅对成稿的文本进行审核。回想三年多以来的研究工作，尤其难以忘记的是导师的教诲以及那些对我的工作提供过帮助的老师与同事们。正是他们对我的无私帮助与热情鼓励，使我得以克服困难，完成艰苦的研究工作。在此我谨表由衷的感谢。感谢中国人民大学、美国普莱斯顿大学的老师们的教导和关心。感谢意匠轩营造院志英、刘春梅、王欢、王珍珍、钱云云等在论文写作过程中提供的帮助。感谢意匠轩营造王珍珍、刘春梅、韩婷婷在书稿修改与整理过程中的帮助。最后，感谢我的家人在求学期间给我提供了无微不至的关怀与照顾。以此书鼓励我的儿子梁安邦，愿他在园林古建筑学业中苗壮成长！本书内容疏漏或不足之处在所难免，恳请广大读者批评指正。

2015 年 5 月于广陵意匠轩

参 考 文 献

【1】 刘敦桢 . 中国古代建筑史[M]. 北京：中国建筑工业出版社，1981.

【2】 周维权 . 中国古典园林史[M]. 北京：清华大学出版社，1991.

【3】 侯幼彬，李婉贞 . 中国古代建筑历史图说[M]. 北京：中国建筑工业出版社，2002.

【4】 杜汝俭，李恩山，刘管平 . 园林建筑设计[M]. 北京：中国建筑工业出版社，1986.

【5】 杜仙洲 . 中国古建筑修缮技术[M]. 北京：中国建筑工业出版社，1985.

【6】 楼庆西 . 中国园林[M]. 北京：五洲传播出版社，2003.

【7】 冯钟平 . 中国园林建筑[M]. 北京：清华大学出版社，1988.

【8】 马炳坚 . 中国古建筑木作营造技术[M]. 2 版 . 北京：科学出版社，2003.

【9】 傅熹年 . 中国古代建筑工程管理和建筑等级制度研究[M]. 北京：中国建筑工业出版社，2012.

【10】 刘叙杰 . 中国古代建筑史：第一卷[M]. 北京：中国建筑工业出版社，2003.

【11】 傅熹年 . 中国古代建筑史：第二卷[M]. 北京：中国建筑工业出版社，2001.

【12】 郭黛姮 . 中国古代建筑史：第三卷[M]. 北京：中国建筑工业出版社，2003.

【13】 潘谷西 . 中国古代建筑史：第四卷[M]. 北京：中国建筑工业出版社，2001.

【14】 孙大章 . 中国古代建筑史：第五卷[M]. 北京：中国建筑工业出版社，2002.

【15】 梁思成 . 清式营造则例[M]. 北京：中国建筑工业出版社，1987.

【16】 姚承祖 . 营造法原[M]. 张至刚增编，刘敦桢校阅 . 2 版 . 北京：中国建筑工业出版社，1986.

【17】 白思俊 . 现代项目管理：上中下册[M]. 北京：机械工业出版社，2005.

【18】 吴涛，丛培经 . 建筑工程项目管理规范实施手册[M]. 北京：中国建筑工业出版社，2002.

【19】 吕茫茫．施工项目管理［M］．上海：同济大学出版社，2005.

【20】 ［美］悉尼·M. 利维．施工项目管理：原著第四版［M］．王要武，台双良，等译．北京：中国建筑工业出版社，2004.

【21】 孙三友．施工企业现代成本管理与流程再造［M］．北京：中国建筑工业出版社，2004.

【22】 丛培经，和宏明．施工项目管理工作手册［M］．北京：中国物价出版社，2002.

【23】 张东林，王泽民．园林绿化工程施工技术［M］．北京：中国建筑工业出版社，2008.

【24】 编写组．古建筑工程监理手册［M］．北京：机械工业出版社，2007.

【25】 刘大可．古建园林工程施工技术［M］．北京：中国建筑工业出版社，2006.

【26】 孟兆祯，毛培琳，黄庆喜，等．园林工程［M］．北京：中国林业出版社，2004.